环境影响评价研究

刘松华　周　静◎著

北京工业大学出版社

图书在版编目（CIP）数据

环境影响评价研究 / 刘松华，周静著. — 北京：北京工业大学出版社， 2020.7（2021.11 重印）

ISBN 978-7-5639-7540-2

Ⅰ．①环… Ⅱ．①刘… ②周… Ⅲ．①环境影响—评价 Ⅳ．① X820.3

中国版本图书馆 CIP 数据核字（2020）第 117460 号

环境影响评价研究
HUANJING YINGXIANG PINGJIA YANJIU

著　　者：刘松华　周　静
责任编辑：张　娇
封面设计：点墨轩阁
出版发行：北京工业大学出版社

　　　　　（北京市朝阳区平乐园 100 号　邮编：100124）

　　　　　010-67391722（传真）　bgdcbs@sina.com

经销单位：全国各地新华书店
承印单位：三河市腾飞印务有限公司
开　　本：710 毫米 ×1000 毫米　1/16
印　　张：12.75
字　　数：255 千字
版　　次：2020 年 7 月第 1 版
印　　次：2021 年 11 月第 2 次印刷
标准书号：ISBN 978-7-5639-7540-2
定　　价：45.00 元

作者简介

刘松华　1979年9月生，男，重庆人，河海大学硕士研究生学历，苏州市环境科学研究所高级工程师，主要研究方向为环境管理、环境科研。

周静　1984年9月生，女，江苏张家港人，南京信息工程大学硕士研究生学历，苏州市环境科学研究所高级工程师，主要研究方向为大气、水环境保护。

前　言

环境影响评价是我国环境保护的一项重要法律制度。从 20 世纪 70 年代我国环境影响评价制度建立至今，环境影响评价在我国经济建设、社会发展和环境保护中的地位和作用日益彰显。环境影响评价已经成为环境科学的一个重要分支。环境影响评价的理论意义和实践意义，越来越受到政府管理人员和公众的支持和重视，其理论、方法和技术得到不断发展和完善。本书正是为适应日益发展的环境影响评价所做的研究及实践。

全书共八章。第一章为绪论，主要阐述环境影响评价制度的发展、环境影响评价的程序以及环境影响评价体系等内容；第二章为环境影响识别与评价因子筛选，主要阐述环境影响识别的一般要求、环境影响识别的方法以及环境影响评价因子的筛选方法等内容；第三章为工程分析要点，主要阐述工程分析的方法、工程分析的内容等内容；第四章为环境现状调查与评价要点，主要阐述环境现状调查与评价基本内容、环境监测质量现状与对策以及环境质量现状监测要求等内容；第五章为环境影响预测与评价要点，主要阐述环境影响预测的方法、环境影响预测与评价主要内容以及环境影响预测模型的选择等内容；第六章为污染防治措施及环境管理要点，主要阐述污染防治措施可行技术、污染物排放总量控制要求以及环境管理与监测等内容；第七章为环境风险评价要点，主要阐述环境风险识别、环境风险预测与评价以及环境风险评价案例等内容；第八章为环境影响评价制度发展展望，主要阐述战略环境影响评价、规划环境影响评价以及排污许可制度等内容。

为了确保研究内容的丰富性和多样性，笔者在写作过程中参考了大量理论与研究文献，在此向涉及的专家学者表示衷心的感谢。

限于笔者水平，加之时间仓促，本书难免存在一些不足，在此恳请读者朋友批评指正。

目　　录

环境影响评价研究

第一章 绪 论

所谓环境影响评价，即评价区域的开发活动给环境质量带来的影响，其目的是让人与环境能够更好地相处。本章将从环境影响评价制度的发展、环境影响评价的程序和环境影响评价体系三方面进行阐述，主要包括环境影响评价制度的概念、环境影响评价的管理程序、环境影响评价的标准体系等内容。

第一节　环境影响评价制度的发展

一、环境影响评价制度的概念

环境影响评价从其本身来讲是一种科学方法和技术手段，并通过理论研究和实践检验不断改进、拓展和完善。此外，环境影响评价又是必须履行的法律义务，是需要由环境保护行政主管部门审批的一项法律制度。所以，为了更好地规范环境影响评价技术和指导环境影响评价工作的开展，最直接和有效的管理措施便是由国家制定环境影响评价的技术导则和相应规范，从而规定环境影响评价的一般原则、技术方法、评价内容和相关评价要求。

环境影响评价又是一项制度，可以在一定程度上加强环境管理，在确定经济发展方向和保护生态环境等方面具有十分重大的意义，主要在以下几方面加以体现。

①从源头控制污染，参与政府宏观决策。

②确保合理的建设项目选址和布局。

③引导区域经济的发展。

面对如何正确处理经济发展和环境保护之间的关系，加强生态文明建设对环境影响评价提出了新任务和新要求，主要表现为以下几点。

①坚持改革创新，不断深化环境影响评价工作。坚持创新理念，从单纯注

重环境问题向综合关注环境、健康、安全和社会影响转变；坚持创新方法，推进环境影响评价管理方式改革；坚持创新手段，逐步提高参与宏观调控的预见性、主动性和有效性。

②适应新形势，正确处理四个关系：正确处理把关和服务的关系；正确处理当前和长远的关系；正确处理效率和质量的关系；正确处理宏观和微观的关系。

③坚持求真务实，全面提高环境影响评价管理工作水平。深化建设项目信息公开和公众参与度改革，把公开透明的要求贯穿于环境影响评价审批的全过程。

此外，环境影响评价还有下面几种分类方法：根据评价对象，一般可以分为建设项目环境影响评价和规划环境影响评价等；根据环境要素，一般可以分为大气环境影响评价、生态环境影响评价等；根据评价专题，一般可以分为人体健康评价，清洁生产与循环经济分析、污染物排放总量控制和环境风险评价等；按照评价时间顺序，分为环境质量现状评价、环境影响预测评价、建设项目环境影响后评价、规划环境影响跟踪评价等。

二、环境影响评价制度的发展

1. 国内环境影响评价的发展及意义

（1）准备与初步尝试阶段

1973 年，在北京召开的第一次全国环境保护会议，揭开了我国环境保护工作的序幕。这次会议提出了"全面规划、合理布局、综合利用、化害为利、依靠群众、大家动手、保护环境、造福人民"的三十二字环境保护方针，成为之后一段时间的行动纲领。在这一阶段范围内，我国陆续开展了一些环境评价工作，如北京西郊环境质量评价研究等。这些尝试在理论和技术上奠定了我国环境影响评价工作开展的基础，也积累了相当多的经验。

1977 年，中国科学院召开了"区域环境保护学术交流研讨会"，进一步推进了大中城市和重要水域的环境质量现状评价。大中城市的环境质量现状评价主要有北京市东南郊、保定市等；重要水域的环境质量现状评价主要有松花江、图们江、白洋淀、湘江及杭州西湖等。

1978 年 12 月 31 日，中共中央以中发〔1978〕79 号文件转批了国务院环境保护领导小组《环境保护工作汇报要点》，其中首次提出了环境影响评价的意向。1979 年 4 月，在《关于全国环境保护工作会议情况的报告》中，国务院环境保护领导小组再次提出将环境影响评价作为一项方针政策。

（2）规范建设与提高阶段

1979 年，《中华人民共和国环境保护法（试行）》标志着环境影响评价制度在我国正式实施，该法规定新建、扩建和改建工程必须提交环境影响报告书。1981 年颁布的《基本建设项目环境保护管理办法》进一步明确了环境影响评价的适用范围、评价内容、工作程序等细节问题。相对前一阶段，该阶段的环境影响评价工作向规范、有序的目标前进。

配套制定的部门行政规章使有效执行环境影响评价制度得到了保证，环境影响评价的技术方法也不断完善，如 1986 年 3 月颁布的《建设项目环境保护管理办法》（国环字第 003 号）也明确规定了建设项目环境影响评价的范围、程序、审批和环境影响报告书编制格式；同年颁布的《建设项目环境影响评价证书管理办法（试行）》确立了环境影响评价的资质管理要求，并据此核发了综合和单项环境影响评价证书，并建立了一支从事环境影响评价工作的专业队伍。随后陆续发布了一系列部门行政规章，如《关于建设项目环境影响评价报告书审批权限问题的通知》《关于建设项目环境管理问题的若干意见》《建设项目环境影响评价证书管理办法》等，规定了建设项目环境影响报告书审批权限，确定了环境影响评价"计工作量收费"的收费原则，将环境影响评价证书分为甲级和乙级，进一步细化和完善了我国环境影响评价制度。

各地区也按照《建设项目环境保护管理办法》建立了适应本地建设项目环境影响评价的行政法规，各行业主管部门也陆续建立了建设项目环境保护管理的行业规范规章，初步形成了国家、地方、行业相配套的建设项目环境影响评价的多层次法规体系。据不完全统计，1979—1988 年全国共完成大中型建设项目环境影响报告书两千多份。

（3）强化和成熟阶段

20 世纪 90 年代以后，随着我国改革开放的深入发展，建设项目环境影响评价不断强化，区域环境影响评价得到广泛开展。1989 年 12 月 26 日，第七届全国人民代表大会常务委员会第十一次会议通过了《中华人民共和国环境保护法》，并于同日公布实施。《中华人民共和国环境保护法》不仅完善了环境影响评价制度，而且还补充了环境影响评价制度，在这一阶段不但进一步规范和强化了环境影响评价的管理，而且环境影响评价的理论和技术方法也得到了长足的发展。

为了更好地管理逐渐增多的外商投资和国际金融组织贷款项目，国家环境保护局和对外经济贸易部于 1992 年联合颁布了《关于加强外商投资技术项目环境保护管理的通知》，1993 年国家环境保护局、国家计划委员会、财政部、中国人民银行联合颁布了《关于加强国际金融组织贷款建设项目环境影响评价管理工作的通知》。

针对建设项目的多渠道立项和开发区的兴起，1993年，国家环境保护局及时对《关于进一步做好建设项目环境保护管理工作的几点意见》进行了下发，并提出了先评价、后建设的工作流程。马鞍山市、兰州市西固工业区等有影响的区域开发活动都进行了区域环境影响评价，加强了开发区的环境管理和环境影响评价技术规范的制定工作。国家环境保护局在1993—1997年陆续颁布了《环境影响评价技术导则》《辐射环境保护管理导则》等，从技术上规范了环境影响评价工作，使环境影响报告书的编制能够有章可循。

1995年颁布的《环境噪声污染防治法》和1996年颁布的《固体废物污染环境防治法》等分别对噪声、固体废物等的环境影响评价制度做出了明确规定。1996年召开了第四次全国环境保护工作会议，各级环境保护主管部门认真落实《国务院关于环境保护若干问题的决定》，并坚决控制新污染，"一票否决"了那些不符合环境保护要求的项目。各地加强审批和检查建设项目，并大力控制污染物的排放总量，既加强了生态影响评价，又拓展了环境影响评价的深度和广度。

（4）全面提高阶段

全面提高阶段为1999—2003年。国务院于1998年11月29日发布并实施了《建设项目环境保护管理条例》，这是我国第一个有关建设项目管理的行政法规，标志着我国建设项目环境影响评价工作进入了一个新的阶段。该条例还较为详细地规定了报告书的内容和审批等事项。该条例的发布实施，在接下来的时间内对我国建设项目的环境影响评价工作起到了重要的作用，也使我国的环境影响评价制度不断得到提高。

1999年3月，国家环境保护总局按照《建设项目环境保护管理条例》颁布了第2号令，并公布了《建设项目环境影响评价资格证书管理办法》，同时也规定了评价单位的资质。1999年4月，国家环境保护总局发布了《关于公布建设项目环境保护分类管理名录（试行）的通知》，其中公布了分类管理名录。

2002年10月28日，第九届全国人民代表大会常委会通过的《中华人民共和国环境影响评价法》是我国环境影响评价的一部专门法。该法的实施使环境影响评价从项目环境影响评价进入规划环境影响评价阶段。这是我国环境影响评价制度的一个重大进步，标志着我国环境影响评价制度法律地位的进一步提高，使环境影响评价工作迈上了一个新台阶。

（5）法制完善阶段

法治完善阶段为 2003 年至今。《中华人民共和国环境影响评价法》（以下简称《环境影响评价法》）自 2003 年实施以后，在预防环境污染和预防生态破坏方面发挥了重要作用，但一系列的立法漏洞也逐渐暴露出来，《环境影响评价法》的修订势在必行。2016 年 7 月 2 日第十二届全国人民代表大会常务委员会第二十一次会议通过了对《环境影响评价法》的修订，自 2016 年 9 月 1 日起施行。修订后的《环境影响评价法》具有以下亮点。

①弱化了项目环境影响评价的行政审批要求。环境影响评价行政审批不再作为可行性研究报告审批或项目核准的前置条件，不再将水土保持方案的审批作为环境影响评价的前置条件。

②强化了规划环境影响评价。修改后的《环境影响评价法》规定，专项规划的编制机关需要详细说明对环境影响报告书结论和审查意见的采纳情况，并说明不采纳的理由。

③加大了处罚力度。修订前的《环境影响评价法》对未批先建违法企业处罚只有停止施工、补做环境影响评价、接受处罚，最多处罚 20 万元。这就导致违法企业违法成本低、守法企业成本高。新修订的《环境影响评价法》极大地提高了未批先建的违法成本，并且惩罚的限额也得到了大幅度的提升。按照违法情节和危害后果，可对建设项目处以总投资额 1% 至 5% 的罚款，并可以责令恢复原状。项目如果是上亿元的话，罚款可超过百万元，而可以责令恢复原状，则意味着企业前期投资将会"打水漂"，这将会在很大程度上威慑企业。

这几个阶段的特点分别可以表现为以下几点。

①法律强制性。2003 年实施的《中华人民共和国环境影响评价法》对环境影响评价提出了明确要求，具有不可违抗的强制性。

②纳入基本建设程序。在基本建设程序中，环境影响评价具有非常重要的地位。未经环境保护主管部门批准环境影响报告书的建设项目，计划部门不办理设计任务书的审批手续，土地部门不办理征地，银行不予贷款。

③分类管理。分类管理那些导致不同程度环境影响的建设项目：对那些非常影响环境的项目，应对环境影响报告书进行编制；对那些可能轻度影响环境的项目，应对环境影响报告表进行编制；对那些几乎不对环境产生影响的项目，只填报环境影响登记表即可。

④评价以建设项目环境影响评价为主，且以污染影响为重点。长期以来我国的环境影响评价以工程项目为主，很少对区域开发和公共政策进行环境影响的评价，同时评价的重点往往是污染影响，而不是非污染生态影响，对经济和

社会的影响评价进行得更少。

环境影响评价的意义还可表现为以下几点。

①通过建设项目环境影响评价，可以为项目合理选址提供依据，避免出现选址不合理给环境带来损害的情况。同时，还可以预测项目对环境影响的范围、程度和趋势，并提出相应的环境保护措施。

②通过对地区经济发展规划进行环境影响评价，不仅有助于从源头上注重地区经济发展的环境影响、控制污染、保护生态环境，而且还有助于正确选择地区工业结构，使很多的环境问题从源头上得到治理。

③对酝酿中的国家政策、经济发展和资源开发规划进行环境影响评价，预测和估计可能造成的环境影响，可以为国家发展战略的制定提供科学依据，为政府的重大决策服务。

2. 环境影响评价制度在环境管理中的作用

（1）实现生产合理布局的重要手段

国内外的相关实践表明，不合理的生产布局是导致环境污染的一个十分重要的原因。例如，一个排放大量大气污染物的工厂位于居民区常年主导风向的上风向，即使工厂采取严格的大气污染治理措施，居民区的居民仍然会受害。虽然花费了大量治理费用，但是收到的环境效益不大。通过环境影响评价就可以有效避免这种布局，防止污染的发生，改变过去那种"先污染、后治理"的环境保护格局。

（2）为城市发展规划提供依据

环境的自净能力和环境容量的大小在一定程度上制约着一个城市或地区的环境质量。通过环境影响评价，不仅可以研究环境的有利条件和不利条件，而且还可以研究环境的自净能力和环境容量。此外，还可以从环境保护的角度出发，提出城市的发展方向、产业结构、合理布局等。通过环境影响评价和城市规划，以及这两方面研究成果的相互反馈，一定能制订出发展生产、方便生活、环境优美的城市规划。

（3）有助于优化环境工程治理方案

建设项目可行性研究报告通常是给出污染治理方案的。环境影响评价研究其污染治理方案的可行性，从可选择的多个方案中优选出最佳方案。在环境影响评价中，先充分利用自然净化能力再选择污染治理方案是一项基本原则。环境影响评价和环境工程学相结合必定会选出优化的环境工程治理方案。

（4）是对建设项目实施环境管理的系统资料

环境影响报告书提出了对建设项目环保措施的可行性分析及建议，因此，环境影响报告书是环境保护主管部门执行"三同时"制度和对建设项目竣工验收的依据和资料。环境影响报告书也是建设单位对建设项目投产后实施环境管理的系统资料。

三、环境影响评价制度的特征

建立环境影响评估制度，是为了调整、平衡过去过度偏重"成长"与"发展"的公共政策与计划趋向，从而督促政府各部门改良其决策程序，在尽早评估与整体评估的原则下，充分考虑影响环境的各种因子与其他无法量化的价值后，能制定出对环境冲击最小的最适决策，以达成环境保护的目的。不同国家的环境影响评价制度虽然有所不同，但其具有的共同特征也是显而易见的。

首先，预测性是理解环境影响评价制度的基础。人们制定环境影响评价制度就是为了预防那些可能由人类的行为所导致的环境破坏，实现了环境保护从善后向预防的转变。环境影响评价制度强调预防性，这是考虑到环境的不可再生。在项目建设开始之前，通过对项目进行分析、预测、评价，估算其可能对环境造成的不良影响，并且据此提供可供选择的方案，尽可能地消除、降低其对生态环境造成的影响。

其次，环境影响评价具有较强的专业技术性以及严谨的程序。以技术性和程序性要求对影响环境的项目进行田野考察，根据事实证据进行科学技术对比分析，形成客观有效的环境影响结论。环境影响评价由专门从事环境影响评价服务的机构承担完成，这种机构的设立一般需要经过国务院环保部门考核审查合格后认定，并颁发资质证书。根据我国《环境影响评价法》的规定，对于建设项目和规划的环境影响评价报告书或者环境影响评价报告表，应当由具有相应资质的环境影响评价单位编制。可以看出，我国的法律对环境影响评价的专业性与技术性要求很高。第一，要以客观专业的建设项目的技术标准为依据；第二，要以国家所制定的相应的环境标准以及环境影响评价技术导则与技术规范为圭臬；第三，还需要根据人文社会科学和自然科学交叉学科领域专业知识的综合，通过环境影响评价来实现环境保护的目的。因此，环境影响评价结论的可靠性就非常重要，确定了环境影响评价制度的国家都对环境影响评价的程序做出了极为严格的规定，保证了公众可以参与环境影响评价的全过程。我国也规定了环境影响评价中的公众参与，包括规划环境影响评价和建设项目的环境影响评价，也包括了对于环境影响评价报告的审批阶段的参与。建设项目环境影响评价的程序相比于规划环境影响评价程序多了通过分类管理方式筛选评价对象和决定评价范围的内容，这只是环境影响评价程序大的框架，环境影响评价程序还有很多具体的程序，如规划环境影响评价中的规划分析、现状调查、修改规划目标或方案等。

再次，动态性和综合性也是环境影响评价重要的特征。环境影响评价需要运用多学科的知识与专门的技能，以专业人员为基本成员组成专业队伍与机构，没有进行过专门训练的人员根本无法胜任环境影响评价工作，它不是简单的调查与分析。环境影响评价虽然仅仅是预估人类行为后果的科学方法，但是为了保证结论的可靠性，这门学科需要借助许多学科的知识。环境影响评价的实施涉及多个学科领域。目前，环境影响评价主要有建设项目环境影响评价、规划环境影响评价和战略环境影响评价。这三种环境影响评价的难度从低到高，它们所涉及的学科也由少到多。另外，环境影响评价是一个持续的过程，只要有开发行为，环境影响评价就会存在。环境影响评价将会在决策前、决策中、决策实施过程中发挥作用。环境本身就是一个不断变化发展的过程，在一个时间段也许人类的某项行为并不会对环境产生影响，但是在另一个时间段相似的人类行为也许就会对环境和生态造成伤害，因此环境影响评价是动态的，具有综合性。

最后，环境影响评价具有非常广泛的公众参与性和强制性。环境影响评价涉及每一个人的切身利益，所以其公共性强，因此，环境影响评价程序中必须要有对于公众参与的详细规定，这也是环境影响评价民主原则的切实要求。这就意味着在环境影响评价过程中要向公众开放信息平台，进行信息的相应反馈，并且在此基础上听取各方意见的过程中，得出较为可靠的环境影响评价结论。这是因为环境影响评价的结论关系到社会大众的利益与权利，特别是建设项目周边地区的民众的利益和权利，民众必须全程参与环境影响评价，这样才可以保证环境影响评价结果的可信度，保证环境影响评价的顺利实施。在环境影响评价过程中的参与主体是利害关系人、专家、学者、环保团体、其他行政机关或团体组织，在环境影响评价过程中要反映社会各方的利益诉求，从而谋求社会的全面和谐。也正因此，环境影响评价才有法律规定的强制力，无论项目的规划、项目的建设、项目的运营都要以环境影响评价结论为基础，如果违反，则必须承担相应的法律责任。同时，环境影响评价必须根据相应国际条约的要求，通过国家立法或行政政策来内化国际条约，以强制执行力获得其实施的保障。

第二节　环境影响评价的程序

一、环境影响评价的管理程序

环境影响评价文件的审批管理，实行的是分级审批、属地管理，对各级环保部门按照规定都具有明确的职责和审批权限，形成了国家、省、市、县四级管理体制。环境影响评价资质的审批管理，则实行的是国家管理、属地监督的管理体制。

1. 环境影响分类与筛选

建设单位应按照下列规定组织编制环境影响报告书、环境影响报告表或填报环境影响登记表。

①可能造成重大环境影响的，这些影响可能是敏感的、不可逆的、综合的或以往尚未有过的，应编制环境影响报告书，并全面评价产生的环境影响。

②可能造成轻度环境影响的，这些影响是较小的或容易采取减免措施的，通过规定控制或补救措施可以减免对环境不利影响的，应该编制环境影响报告表，分析产生的环境影响或专项评价。

③几乎不影响环境、不需要进行环境影响评价的，应填报环境影响登记表。

2. 环境影响评价项目的监督管理

（1）评价单位资格考核与人员培训

2005 年，国家环境保护总局颁布了《建设项目环境影响评价资质管理办法》，要求凡接受委托为建设项目环境影响评价提供技术服务的机构，应按规定申请建设项目环境影响评价资质，在环境保护部门审查合格之后，取得《建设项目环境影响评价资质证书》后，才能在资质证书规定的资质等级和评价范围内从事环境影响评价技术服务。一般可以将评价资质分为甲、乙两个等级。取得甲级评价资质的评价机构，可在资质证书规定的评价范围之内，承担各级环境保护行政主管部门负责审批的建设项目环境影响报告书和环境影响报告表的编制工作；取得乙级评价资质的评价机构，可以在资质证书规定的评价范围之内，承担省级以下环境保护行政主管部门负责审批的环境影响报告书或环境影响报告表的编制工作。

中华人民共和国生态环境部（以下简称生态环境部）在确定评价资质等级的同时，还要按照评价机构的专业特长和工作能力，确定其相应的评价范围。

生态环境部负责统一监督和管理评价机构，组织或委托省级环境保护行政主管部门组织抽查评价机构，并将有关情况公布于社会，对考核不合格或违反有关规定的执行罚款乃至中止和吊销"证书"的处罚。

2004年2月16日发布的《环境影响评价工程师职业资格考试实施办法》《环境影响评价工程师职业资格考核认定办法》等文件的实施，加强了对评价工作人员的专业知识技能的培训并实行持证上岗。环境影响评价工程师职业资格制度的实施对进一步加强对环境影响评价专业技术人员的管理，规范环境影响评价行为，有效提升环境影响评价专业技术人员的素质和业务水平，确保环境影响评价工作的质量，维护国家环境安全和公众利益具有重要意义。

（2）评价大纲的审查

在评价工作开展之前就应该编制评价大纲，评价大纲是环境影响报告书的总体设计，须送有关部门审批。必要时应补充环境影响评价工作实施方案。

（3）环境影响评价的质量管理

在编写评价大纲的同时，要编写质保大纲，并送往质量保证部门审查。质量保证工作应贯穿于环境影响评价的全过程。

（4）环境影响评价报告书的审批

环境影响评价报告书的审批应遵循以下原则。

①经济、社会与环境效益相统一的原则。

②预防为主、"谁污染谁治理、谁开发谁保护、谁利用谁补偿"的原则。

③符合城市环境功能区规划和城市总体发展规划的原则。

④技术政策与装备政策符合国家规定的原则。

⑤总量控制、全过程治污与集中治理或综合整治相结合的原则。

3. 项目环境影响评价文件的审批

（1）审批程序

根据《中华人民共和国环境影响评价法》《建设项目环境保护管理条例》《建设项目环境影响评价文件审批程序规定》（国家环境保护总局令第29号）的有关规定，环境影响评价文件从申请到受理，再到审查，最后到批准基本遵循以下审批程序。

①申请与受理。建设单位按照《建设项目环境影响评价分类管理名录》的规定，委托具备环境影响评价资质的机构编制环境影响报告书和环境影响报告表，或填报环境影响登记表，向环境保护部门提出申请，提交材料。

②审查。有审批权限的环境保护行政主管部门受理建设项目环境影响评价

文件后，认为需要进行技术评估的，由有资质的技术评估机构对环境影响评价文件进行技术评估，并组织专家评审，对环境影响评价文件的技术方法和评估结论进行技术把关，从而为科学决策提供技术支持。评估机构一般应在30日内提交评估报告，并对评估结论负责。

③批准。经审查通过的建设项目，环境保护行政主管部门作出予以批准的决定，并书面通知建设单位。不被批准的那些不符合条件的建设项目，也要书面通知建设单位，并说明理由。

（2）其他有关规定

没有行业主管部门的建设项目，环境保护行政主管部门直接对建设项目环境影响评价文件进行直接审批；有行业主管部门的，经行业主管部门预审后，其环境影响报告书或环境影响报告表才能报有审批权的环境保护行政主管部门审批；海岸工程建设项目环境影响报告书或者环境影响报告表，经海洋行政主管部门审核并签署意见后，报环境保护行政主管部门审批。

针对不同的环境影响评价文件，其审批要求的时限不同：环境影响报告书是自收到之日起60日内，环境影响报告表是自收到之日起30日内，环境影响登记表是自收到之日起15日内。

二、环境影响评价的工作程序

1.评价工作概述

分析判定建设项目选址选线、规模、性质和工艺路线等与国家和地方有关环境保护法律法规、标准、政策、规范、相关规划、规划环境影响评价结论及审查意见的符合性，并与生态保护红线、环境质量底线、资源利用上线和环境准入负面清单进行对照，以此作为开展环境影响评价工作的前提和基础。一般来讲，可以将环境影响评价工作程序分为以下三个阶段。

（1）前期准备和工作方案阶段

环境影响评价第一阶段，主要完成以下工作内容。接受环境影响评价委托后，首先应研究国家和地方有关环境保护的法律法规、政策等文件，确定环境影响评价文件的类型。在研究相关技术文件和其他有关文件的基础上进行初步的工程分析。结合初步工程分析结果和环境现状资料，可以识别建设项目的环境影响因素，并能筛选主要的环境影响评价因子，对重点和环境保护目标进行明确评价，并确定环境影响评价的范围、评价工作等级和评价标准，最后制定工作方案。

（2）分析论证和预测评价阶段

环境影响评价第二阶段，主要是深入分析工程，充分调查、监测环境现状，并积极开展环境质量现状评价工作，之后按照污染源和环境现状资料预测建设项目的环境影响，评价建设项目的环境影响，并开展公众意见调查。如果建设项目需要对比选择多个厂址，则需要分别预测和评价各个厂址，并从环境保护角度选取最佳的厂址方案；如果否定原选厂址，则需要重新对新选厂址进行环境影响评价。

（3）环境影响评价文件编制阶段

环境影响评价的第三阶段，主要是汇总分析第二阶段工作所得的各种资料、数据，按照建设项目的环境影响、法律法规和标准等要求，提出减少环境污染和生态影响的环境管理措施。从环境保护的角度确定项目建设的可行性，给出评价结论和提出减缓环境影响的建议，并最终编制环境影响报告书或报告表。

环境影响评价工作程序可分为以下几个步骤。

①办理委托手续：建设单位和评价单位办理环境影响评价委托手续。

②前期工作：落实评价人员、准备调研资料、踏勘现场。

③编制环境影响评价大纲：根据工作特征、环境特征和环保法规编写大纲。

④专家评审：召集专家会议对大纲进行评审。

⑤大纲报批：审批。

⑥签订环境影响评价合同：建设单位与评价单位签订评价合同。

⑦开展评价工作：环境现状监测、工程分析、模式计算。

⑧编制报告书：提出环保对策与建议，给出结论。

⑨专家评审：主持专家会议并对报告进行评审。

⑩报告书报批：根据评审意见，将报告书修改补充后，由建设单位上报环保管理部门。

2.环境影响预测

（1）预测的原则

预测的范围、时段、内容及方法均应按照环境影响评价工作等级、工程与环境的特性、当地的环保要求而定。同时应尽量考虑预测范围内，规划的建设项目可能产生的环境影响。

（2）预测的阶段和时段

建设项目的环境影响分为三个阶段（建设阶段、生产运营阶段、服务期满或退役阶段）和两个时段（冬、夏两季或丰、枯水期）。

（3）预测的范围和内容

预测范围等于或略小于现状调查的范围。预测的内容按照评价工作等级、工程和环境的特性及当地的环保要求而定。

3. 环境影响评价工作等级的确定

评价工作的等级是指对需要编制的环境影响评价和各专题工作深度的划分。单项评价分为三个工作等级：一级评价最详细；二级次之；三级较简略。

环境影响评价工作等级是按照下列因素进行划分的。

①建设项目的工程特点：工程性质、工程规模、污染物排放特点等。

②建设项目所在地的环境特征：自然环境特点、环境质量现状及社会经济环境状况等。

③国家和地方政府所颁发的有关法律法规、标准及规划，包括环境和资源保护法规及其法定保护对象，环境保护规划、环境功能区规划和保护区规划等。

4. 环境影响评价大纲的编写

评价大纲是环境影响评价报告书的总体设计和行动指南。评价大纲应在开展评价工作之前编制，它是具体指导建设项目环境影响评价的技术文件，也是检查报告书的内容和质量的主要判断依据，其内容应尽可能具体、详细。评价大纲一般应在充分研读有关文件、进行初步的工程分析和环境现状调查后编制。

评价大纲一般应包括以下内容。

①总则，包括评价任务的由来、编制依据、控制污染与保护环境的目标、评价项目及其工作等级等。

②建设项目概况。

③拟建地区的环境简况。

④建设项目工程分析的内容与方法。按照当地环境特点、评价项目的环境影响评价工作等级与重点等因素，说明工程分析的内容、方法和重点。

⑤调查建设项目周围地区的环境现状，包括一般自然环境与社会环境现状调查和环境中与评价项目关系较密切部分的现状调查。应按照已确定的各评价项目工作等级、环境特点和环境影响预测的需要，详细说明调查的参数、范围、方法、地点等。

⑥环境影响预测与评价建设项目的环境影响。按照各评价项目的工作等级、环境特点，详细说明预测方法、预测时段等，如进行建设项目环境影响的综合评价，应说明拟采用的评价方法。

⑦评价工作成果清单、拟提出的结论和建议的内容。

5. 区域环境质量的调查

（1）环境调查的一般原则

按照建设项目所在地的环境特点，并结合各评价项目的工作等级，确定各环境要素的现状调查范围，并筛选应该调查的有关参数。在进行环境现状调查时，首先应收集现有资料，当这些资料无法满足要求时再进行现场调查和测试。在环境现状的调查中，对环境中与评价项目有密切关系的部分(如大气、地面水、地下水等）的环境质量现状要有定量的数据，并做出全面、详细的分析；在调查一般自然环境与社会环境时，应根据评价地区的实际情况进行评价。

（2）环境调查的方法

①收集资料法：应用范围广，收效大，省人力、物力。在调查环境现状时，应首先通过此方法获取现有的各种有关资料，但此方法只能获取第二手资料，而且往往不全面，不能完全符合要求，需要其他方法来进行相应的补充。

②现场调查法：可以针对使用者的需要，直接获取第一手数据和资料，以有效弥补收集资料法的局限性。这种方法的工作量较大，占用的人力、物力和时间较多，有时还可能受季节、仪器等条件的限制。

③遥感的方法：可以从整体上了解一个区域的环境特点，可以弄清人类无法达到地区的地表环境情况，如一些大面积的森林、草原、荒漠、海洋等。但此方法不是很准确，不宜用于微观环境状况的调查，一般只用于辅助性调查。在环境现状调查中使用此方法时，绝大多数情况不使用直接飞行拍摄的办法，只是判读和分析已有的航空或卫星照片。

（3）环境调查的内容

环境现状调查包括的内容非常广泛，如地理位置、地质、地形、地貌、气候与气象、地面水环境、地下水环境、大气环境质量、土壤与水土流失、动植物与生态、噪声、社会经济、人口、工业与能源、农业与土地利用、交通运输、文物与景观、人群健康状况等。

6. 环境影响评价报告书的编制

环境影响评价报告书（EIS）就是环境影响评价工作的书面总结，它提供了评价工作中的有关信息和评价结论，评价工作每一步骤的方法、过程和结论都清楚、详细地包含在环境影响评价报告书中。

编写原则：内容应全面、客观、公正；文字应简洁、准确，图表要清晰，论点要明确。

编制的基本要求：总体编排结构应符合《建设项目环境保护管理条例》的

要求；基础数据可靠；预测模式及参数选择合理；结论观点明确、客观可信；语句通顺、条理清楚、文字简练、篇幅不宜过长；环境影响评价报告书中应有评价资格证书。

我国《建设项目环境保护管理条例》规定，建设项目环境影响报告书应当包括下列内容。

①总则：结合评价项目的特点阐述编制环境影响报告书的目的；编制依据包括项目建议书、评价大纲及其审查意见、评价委托书（合同）或任务书、建设项目可行性研究报告等；采用标准包括国家标准、地方标准或拟参照的国外有关标准（参照的国外标准应按国家环境保护局规定的程序报有关部门批准）；控制污染与保护环境的目标。

②建设项目概况：建设项目的名称、地点及建设性质；建设规模（扩建项目应说明原有规模）、占地面积及厂区平面布置等。

③工程分析：主要原料、燃料及其来源和储运，物料平衡，水的用量与平衡，交通运输情况及场地的开发利用。

④建设项目周围地区的环境现状：地理位置；水文情况；社会经济情况，包括现有工矿企业和生活居住区的分布情况、人口密度、农业概况、土地利用情况、交通运输情况及其他社会经济活动情况等。

⑤分析和预测可能会对环境造成的影响：预测环境影响的时段；预测范围；预测内容及预测方法。

⑥对建设项目的环境影响进行评价：建设项目环境影响的特征；建设项目环境影响的范围、程度和性质；如要筛选多个厂址时，应综合评价每个厂址的环境影响，并进行相应的比较和分析。

⑦环境保护措施及其经济技术论证，并提出各项措施的投资估算。

⑧环境影响经济损益分析。

⑨环境监测制度及环境管理、环境规划的建议。

⑩环境影响评价结论。

第三节 环境影响评价体系

一、环境影响评价的标准体系

根据国际标准化组织的定义，标准是经公认的权威机关批准的一项特定标准化工作的成果，它可采用下述表现形式：一项文件，规定一整套必须满足的

条件；一个基本单位或物理常数，如安培、绝对零度；可用作实体比较的物体。在开展环境影响评价和环境管理工作的过程中，都必须依据相关的环境标准。

1. 环境标准的概念和作用

（1）环境标准的概念

环境标准是为了防治环境污染、维护生态平衡、保护人群健康而对环境保护工作中需要统一的各项技术规范和技术要求所做的规定。通常来讲，环境标准是国家为了保护人民健康、促进生态良性循环、实现社会经济发展目标，按照国家的环境政策和法规，在综合考虑国家自然环境特征、社会经济条件和科学技术水平的基础上，规定环境中污染物的允许含量和污染源排放污染物的数量、浓度、时间和速率以及其他有关技术的规范。

（2）环境标准在环境保护中所起的作用

①制订环境规划和环境保护计划的主要依据。保护人民群众的身体健康，促进生态良性循环和保护社会财物不受损害，都需要使环境质量维持在一定的水平上，这种水平是由环境质量标准规定的。

像制订经济计划需要生产指标一样，制订保护环境的计划也需要一系列的环境指标，环境质量标准和按行业制定的与生产工艺、产品质量相联系的污染物排放标准正是这种类型的指标。

有了环境质量标准和排放标准，国家和地方就可以依据它们来制订控制污染和破坏以及改善环境的规划、计划，也有利于将环境保护工作纳入各种社会经济发展计划中。

②环境评价的准绳。无论是评价环境质量现状，还是编制环境影响报告书，都需要按照环境标准做出定量化的比较和评价，并准确判断环境质量的状况和环境影响的大小，为综合整治环境污染以及采取切实可行的减轻或消除环境影响的措施提供科学的依据。

③环境管理的技术基础。环境管理包括环境立法、环境规划、环境评价和环境监测等，如在制定的大气、噪声、固体废物等方面的法令中，就包含了环境标准的要求。环境标准用具体数字体现了环境质量和污染物排放应控制的界限和尺度。超越了这些界限，就会使环境受到污染。环境管理是执法过程，也是实施环境标准的过程。如果没有各种环境标准，将很难具体执行环境法规。

④成为环境保护科技进步的推动力。环境标准与其他任何标准一样，是按照科技与实践的综合成果而制定的，代表了今后一段时期内科学技术的发展方向。这使得标准在某种程度上成为判断污染防治技术、生产工艺与设备是否先

进可行的依据，成为一个筛选和评价环保科技成果的重要尺度，可以引导技术的进步。同时，环境方法、样品、基础标准统一了采样、分析、测试、统计、计算等技术方法，规范了与环保有关的技术名词、术语等，保证了环境信息的可比性，使环境科学各学科之间、环境监督管理各部门之间以及环境科研和环境管理部门之间有效的信息交往和相互促进成为可能。

⑤投资导向作用。环境标准中指标值的高低是确定污染源治理资金投入的技术依据。在基本建设和技术改造项目中也是根据标准值来确定治理程度，从而提前安排污染防治资金的。环境标准对环境投资的这种导向作用是明显的。

2. 环境标准体系

各种环境标准之间是相互联系、依存和补充的。环境标准体系就是按照各个环境标准的性质、功能和内在联系进行分级、分类所构成的一个有机整体。这个体系随全世界或各个国家不同时期的社会经济和科学技术发展水平的变化而不断修订、充实和发展。

（1）环境标准分类及含义

环境标准的种类繁多，依分类原则而异。按标准的级别可分为国际级、国家级、地方级和（或）部门级。例如，饮用水标准就有 1971 年世界卫生组织（WHO）制定的《国际饮用水标准》，我国制定的《生活饮用水卫生标准》（GB 5749—2006），我国建设部（现住建部）制定的《生活饮用水水源水质标准》（CJ 3020—1993）等。有些省市结合本地情况也制定了补充标准。

按标准的性质可分为具有法律效力的强制性标准和推荐性标准。环境保护法规条例和标准化方法上规定必须执行的标准为强制性标准，如污染物排放标准、环境基础标准、分析方法标准、环境标准物质标准和环保仪器设备标准中的大部分标准，均属强制性标准；环境质量标准中的警戒性标准也属强制性标准。推荐性标准是在一般情况下应遵循的要求或做法，但不具有法定的强制性。

根据标准控制的对象和形式，一般可以分为环境质量标准、污染物排放标准、基础标准和方法标准以及环境标准样品标准和环保仪器设备标准。

（2）环境标准体系结构

①国家环境标准。

A. 国家环境质量标准是为了确保公众健康、维护生态环境和保障社会物质财富，与经济社会发展阶段相适应，对环境中有害物质和因素所做的限制性规定。国家环境质量标准是在一定时期内衡量环境优劣程度的标准，是环境质量的目标标准。

B. 国家污染物排放标准是按照国家的环境质量标准，以及适用的污染控制技术，并充分考虑国家的经济承受能力，规定了排入环境的有害物质和产生污染的各种因素，是对污染源加以有效控制的标准。

C. 国家环境监测方法标准是为了有效监测环境质量和污染物排放，规范采样、分析、测试、数据处理等所做的统一规定。分析方法、测定方法、采样方法在环境监测中最为常见。

D. 国家环境标准样品标准是为了确保环境监测数据的准确、可靠，对用于量值传递或质量控制的材料、实物样品制定的标准。在环境管理中，标准样品起着特别的作用，它不仅可以用来评价分析仪器，还可以鉴别其灵敏度。此外，它还可以评价分析者的技术，从而使操作技术更加规范。

E. 国家环境基础标准统一规定了环境标准工作中需要统一的技术术语、符号、导则及信息编码等。

②地方环境标准。地方环境标准由省、自治区、直辖市人民政府制定，并补充和完善了国家环境标准。近年来，为了有效控制环境质量的恶化趋势，一些地方已在地方环境标准中加入了总量控制指标。

A. 地方环境质量标准。对国家环境质量标准中未做规定的项目，可以制定地方环境质量标准；对国家环境质量标准中已做规定的项目，可以制定比国家环境质量标准更加严格的地方环境质量标准。地方环境质量标准应报国务院环境保护主管部门备案。

B. 地方污染物排放标准。对于国家污染物排放标准中未做规定的项目可以制定地方污染物排放标准；对于国家污染物排放标准已做规定的项目，可以制定严于国家污染物排放标准的地方污染物排放标准。地方污染物排放标准应报国务院环境保护主管部门备案。

③环境保护部标准。其是为提高环境管理的科学性、规范性，对环境影响评价、排污许可、污染防治、生态保护、环境监测、监督执法、环境统计与信息等各项环境管理工作中需要统一的技术要求、管理要求所做出的规定。

环境影响评价技术导则的组成部分包括规划环境影响评价技术导则和建设项目环境影响评价技术导则两部分。其中，规划环境影响评价技术导则的构成部分包括总纲、综合性规划环境影响评价技术导则和专项规划环境影响评价技术导则。总纲指导着后两项导则，在制定后两项导则时要对总纲的总体要求严格遵循。

建设项目环境影响评价技术导则的构成部分包括总纲、污染源源强核算技术指南、环境要素环境影响评价技术导则、专题环境影响评价技术导则、行业建设项目环境影响评价技术导则等。

污染源源强核算技术指南包括污染源源强核算准则和火电、造纸、水泥、钢铁等行业污染源源强核算技术指南；环境要素环境影响评价技术导则指大气、地表水、地下水、声环境、生态、土壤等环境影响评价技术导则；专题环境影响评价技术导则指环境风险评价、人群健康风险评价、环境影响经济损益分析、固体废物等环境影响评价技术导则；行业建设项目环境影响评价技术导则指水利水电、交通、海洋工程等建设项目环境影响评价技术导则。

（3）我国的环境标准体系

我国现行的环境标准体系是从国情出发，在总结多年来环境标准工作经验以及参考国外的环境标准体系的基础上制定的。我国的环境标准体系分为"六类两级"。六类是指环境质量标准、污染物排放标准、环境基础标准、环境方法标准、环境标准样品标准和环保仪器设备标准；两级是指国家环境标准和地方环境标准。其中环境基础标准、环境方法标准、环境标准样品标准等只有国家标准，并尽可能与国际接轨。

①环境质量标准。环境质量标准是指在一定时间和空间范围内，对各种环境要素（如大气、水、土壤等）中的污染物或污染因子所规定的允许含量和要求，是衡量环境污染的尺度，也是环境保护有关部门进行环境管理、制定污染排放标准的依据。一般可以将环境质量标准分为国家和地方两级。

国家环境质量标准是由国家根据环境要素和污染因子规定的标准，在全国范围内都适用；地方环境质量标准是地方根据本地区的实际情况对某些指标的更严格的要求，是国家环境标准的补充完善和具体化。国家环境质量标准还包括中央各个部门对一些特定的对象，为了特定的目的和要求而制定的环境质量标准。环境质量标准主要包括空气质量标准、水环境质量标准、环境噪声及土壤质量标准、生物质量标准等。污染报警标准也是一种环境质量标准，其目的是使人群健康不至于被严重损害。当环境中的污染物超过报警标准时，地方政府发布警告并采取应急措施，如勒令排污的工厂停产，告诫年老体弱者在室内休息等。

我国现行的环境质量标准有：《环境空气质量标准》（GB 3095—2012）、《室内空气质量标准》（GB/T 18883—2002）、《地表水环境质量标准》（GB 3838—2002）、《海水水质标准》（GB 3097—1997）、《渔业水质标准》（GB 11607—1989）、《农田灌溉水质标准》（GB 5084—2005）、《地下水质量标准》（GB/T 14848—2017）、《声环境质量标准》（GB 3096—2008）、《机场周围飞机噪声环境标准》（GB 9660—1988）、《城市区域环境振动标准》

（GB 10070—1988）等。与环境质量标准平行并作为补充的是卫生标准，这类标准包括《工业企业设计卫生标准》（GBZ 1—2010）和《生活饮用水卫生标准》（GB 5749—2006）等。

②污染物排放标准。污染物排放标准是根据环境质量要求，结合环境特点和社会、经济、技术条件，对污染源排入环境的污染物和产生的有害因子所做的控制标准，或者说是环境污染物或有害因子的允许排放量（浓度）或限值。它是实现环境质量目标的重要手段，规定了污染物排放标准，要求严格控制污染物的排放量。这能促使排污单位采取各种有效措施加强排污管理，使污染物排放达到标准。污染物排放标准也可分为国家和地方两级。污染物排放标准按污染物的状态分为气态、液态和固态污染物排放标准，还有物理污染（如噪声、振动、电磁辐射等）控制标准；按其适用范围可分为通用（综合）排放标准和行业排放标准。行业排放标准又可分为指定的部门行业污染物排放标准和一般行业污染物排放标准。我国行业性排放标准很多，有 60 余种。行业排放标准一般规定该行业主要产品生产的污染物允许排放浓度和（或）单位产品允许的排污量。排放标准按控制方式可分为以下几种。

A.浓度控制标准。浓度控制标准是规定企业或设备的排放口排放污染物的允许浓度。一般废水中污染物的浓度以"mg/L"表示，废气中污染物的浓度以"mg/m^3"表示。此类标准的主要优点是简单易行，只要监测总排放口的浓度即可。它的缺点是无法辨别以稀释手段降低污染物排放浓度的情况，所以不利于确切地评价和比较不同的企业，而且不论污染源大小一律看待。改进的方向是既监测浓度，又监测废水、废气的流量。我国的《污水综合排放标准》（GB 8978—1996）属于浓度控制的排放标准。

B.地区系数法标准。对于部分污染物，如 SO_2，可根据环境质量目标、各地自然条件、环境容量、性质功能、工业密度等，规定不同系数的控制污染源排放的方法。

C.总量控制标准。这是首先由日本发展起来的方法。日本于 20 世纪 70 年代首先在神奈川县对废气中的 SO_2 排放试行了总量控制，1974 年纳入该国大气污染防治法律。这种方法受到了世界各国和我国环境保护工作者的重视。

D.负荷标准（或称排放系数）。这是从实际控制技术出发，采用分行业、分污染物来控制，以每吨产品或原料计算的任何一日排放污染物的最大值和连续 30 天排放污染物的平均值来表示。此法比总量控制法简单，不需计算复杂的环境总容量和各种源分担率，对不同行业区别对待。

③环境基础标准。环境基础标准是指在环境标准化工作范围内，对有指导

意义的符号、代号、指南、程序、规范等所做的统一规定。在环境标准体系中，环境基础标准处于指导地位，是制定其他环境标准的基础。例如，《环境污染源类别代码》（GB/T 16706—1996）规定了环境污染源的类别与代码，适用于环境信息管理以及其他信息系统的信息交换；《制定地方大气污染物排放标准的技术方法》（GB/T 3840—1991）是大气环境保护标准编制的基础；《环境影响评价技术导则 总纲》（HJ 2.1—2016）是为建设项目环境影响评价规范化所做的规定。

④环境方法标准。在环境保护工作中，以采样、分析、测定、试验、统计等方法为对象而制定的标准，其是制定和执行环境质量标准和污染物排放标准实现统一管理的基础，如《水质采样技术指导》（HJ 494—2009）、《摩托车和轻便摩托车排气污染物排放限值及测量方法（双怠速法）》（GB 14621—2011）、《建筑施工厂界环境噪声排放标准》（GB 12523—2011）等。有统一的环境保护方法标准，才能提高监测数据的准确性，保证环境监测质量，否则对复杂多变的环境污染因素，将难以执行环境质量标准和污染物排放标准。

⑤环境标准样品标准。环境标准样品标准是对环境标准样品必须达到的要求所做的规定。环境标准样品是环境保护工作中用来标定仪器、验证测试方法、进行量值传递或质量控制的标准材料或物质，如环境监测用的二氧化硫溶液（100 mg/L）、水质化学需氧量（COD）标准样品等。

⑥环保仪器设备标准。为了保证污染物监测仪器所监测数据的可比性、可靠性和污染治理设备运行的各项效率，对有关环境保护仪器设备的各项技术要求也编制统一规范和规定，如《汽油机动车怠速排气监测仪技术条件》（HJ/T 3—1993）《柴油车滤纸式烟度计技术条件》（HJ/T 4—1993）等。

（4）相关环境标准之间的关系

首先，是地方环境标准与国家环境标准之间的关系。地方环境标准在一定程度上补充和完善了国家环境标准，由省、自治区、直辖市人民政府制定。近年来，一些地方为了使环境质量的恶化趋势得到有效控制，已在地方环境标准中加入了总量控制指标。

①地方环境质量标准与国家环境质量标准之间的关系为国家环境质量标准中未做规定的项目，地方政府可以补充制定地方环境质量的标准。

②地方污染物排放标准（或控制标准）与国家污染物排放标准（或控制标准）之间的关系为国家污染物排放标准（或控制标准）中未做规定的项目，地方政府可以补充制定地方污染物排放标准（或控制标准）；国家污染物排放标准（或控制标准）已规定的项目，地方政府可以制定严于国家污染物排放标准的地方

污染物排放标准（或控制标准）；省、自治区、直辖市人民政府制定机动车、船大气污染物地方排放标准严于国家排放标准的，须报经国务院批准。

③国家环境标准与地方环境标准执行上的关系为地方环境标准优先于国家环境标准执行。

其次，是国家污染物排放标准之间的关系。国家污染物排放标准（或控制标准）又分为跨行业综合性排放标准和行业性排放标准。

二、环境影响评价的类型

1. 建设项目环境影响评价

建设项目环境影响评价在广义上是指分析和论证拟建项目可能造成的环境影响的全过程，并在此基础上提出防治措施和对策；在狭义上是指拟议中的建设项目在建设前即可行性研究阶段对其进行选址、设计、施工等过程，尤其是预测和分析运营及生产阶段可能带来的环境影响，提出相应的防治措施，为项目选址、设计和建成投产后的环境管理提供科学依据。

2. 规划环境影响评价

规划环境影响评价是指在规划编制阶段，分析、预测和评价规划实施可能造成的环境影响，并提出预防或减轻不良环境影响的措施的过程。这一过程具有结构化、系统性和综合性的特点，规划应有多个可替代的方案。通过评价将结论融入拟制定的规划中或提出单独的报告，并将成果体现在决策中。

3. 战略环境影响评价

战略环境影响评价（SEA）是环境影响评价（EIA）在政策、计划和规划层次上的应用。欧美一些国家还称之为计划 EIA 或政策、计划和规划 EIA；同时由于政策在战略范畴中的核心地位，也有人称 SEA 为政策 EIA。但由于法律是政策的定型化和具体化，所以 SEA 还应包括法律，即 SEA 是 EIA 在战略层次包括法律、政策、计划和规划上的应用，是系统、正式和综合评价一项具体战略及其替代方案的环境影响的评价过程，并在决策之中应用评价结论，其目的是通过 SEA 消除或降低因战略失效造成的环境影响，从源头上控制环境问题的产生。开展 SEA 研究的意义主要表现在两个方面：一方面，SEA 不仅有利于克服目前项目 EIA 的不足，而且有利于建立和完善面向可持续发展的 EIA 体系；另一方面，SEA 还为建立环境与发展综合决策机制提供技术支持。

如果以环境影响评价为核心，战略环境评价可视为评估政策、规划和计划所造成的环境影响的系统过程，以确保环境因素能够与经济和社会因素一样，在决策的早期阶段得以考虑和适时解决。

战略环境评价是一种参与型的决策工具，强化在战略层面上考虑环境因素对决策制定和实施的影响。目前，我国的法律对战略环境评价中的规划环境影响评价做了界定，但对政策层面的战略环境评价仅有一些试点和探索。

4. 后评价和跟踪评价

环境影响后评价是指在正式实施开发建设活动之后，基于环境影响评价工作，依据建设项目投入使用等开发活动完成后的实际情况，通过全面评估实施开发建设活动前后污染物排放及周围环境的质量变化，并使建设项目能够全面反映环境的实际影响和环境补偿措施的有效性，分析实施项目前一系列预测和决策的准确性和合理性，找出出现问题和误差的原因，并预测和评价结果的正确性，使决策水平得到大幅度的提升，为建设项目的管理和改进提供科学依据，这是提高环境管理和环境决策的一种技术手段。

《环境影响评价法》提出了要加强环境影响的跟踪评价和有效监督。在项目建设、运行的过程中，有可能产生不符合经审批的环境影响评价文件的情形，也有可能投产或使用某一项目之后，会带来非常严重的环境污染，使公众的环境权益遭到损害，因此必须及时调整防治对策和改进措施。现行的环境影响评价监督措施主要是配套实施"三同时"制度（同时设计、同时施工、同时使用）。但"三同时"制度只注重监督和检查其形式，而且只注重监督和检查污染治理设施和污染情况。在环境资源要素、区域生态环境的影响等方面，监督检查一直缺乏有效措施。作为一种预测性评价机制，难免会存在一定程度的偏差，这就要求监督环境影响评价工作要减小偏差，并有效避免错误的出现。

三、环境影响评价管理及工作程序

1. 环境影响评价的原则

按照以人为本，建设资源节约型、环境友好型社会和科学发展的要求，应遵循以下原则开展环境影响评价工作。

（1）早期介入原则

在工程前期的工作中，应该尽早进行环境影响评价，重点关注选址（或选线）、工艺路线（或施工方案）的环境可行性。

（2）完整性原则

按照建设项目的工程内容及其特征，全面、系统地分析和评价工程内容的影响时段、影响因子和作用因子，并突出环境影响评价的重点。

（3）广泛参与原则

环境影响评价应该广泛吸收相关学科和行业的专家、有关单位和个人及当地环境保护管理部门的意见。

2. 环境影响评价的类别

针对拟议中的规划或建设项目的不同阶段，一般可以将环境影响评价分为环境质量评价、环境影响预测与评价以及环境影响后评价。

其中，环境质量评价是按照国家和地方制定的环境质量标准，用调查、监测和分析的方法，定量判断区域环境质量，并说明其与人体健康、生态系统的相关关系。按照不同的时间域，一般可以将环境质量评价分为环境质量预测评价、环境质量现状评价和环境质量回顾评价。按照不同的空间域，一般可以将环境质量评价分为局地环境质量评价、区域环境质量评价和全球环境质量评价等。

一般可以认为环境影响后评价是环境影响评价的延续，是在实施规划或建设活动后，系统、全面地调查和评价环境的实际影响程度，检查对减少环境影响措施的落实程度和实施效果，并确定环境影响评价结论的可靠性，分析研究一些评价尚未认识到的影响，从而能够有效改进环境影响评价技术和管理水平，并采取一系列相应的补救措施，从而有效消除各种不利影响。

3. 环境影响评价的分类管理

依据《建设项目环境保护管理条例》的相关规定和建设项目对环境的影响程度，国家要对建设项目的环境影响评价进行分类管理。

（1）编写环境影响评价报告书的项目

新建或扩建项目对环境可能造成重大的不利影响，而且这些影响对于受纳体来说是敏感的、不可逆的、综合的或以往尚未有过的。对于此类规划或建设项目应当编制环境影响报告书，并详尽地评价其产生的污染以及对环境的影响，并提出切实有效的减缓措施。

（2）编写环境影响评价报告表的项目

新建或扩建工程对环境可能产生的不利影响是十分有限的，这些影响是较小的或者通过减缓影响的补救措施是很容易找到的，通过规定控制或采取补救措施可以减缓对环境的影响。这些项目可以直接编写环境影响评价报告表，而需要进一步分析其中个别环境要素或污染因子的，可附单项环境影响专题报告。

（3）填报环境影响评价登记表的项目

对环境影响极小的建设项目，填报环境影响登记表即可。针对不同的规划或建设项目，依据项目的规模、投资及其产生的环境影响等，《建设项目环境影响评价分类管理名录》明确规定了其应该编制报告书还是报告表。

在实际进行环境影响评价工作中，规划或建设项目所在地的环保主管部门一般会先出具有关该项目的环保咨询表／现场勘查意见表，该表会明确该项目要求编制环境影响报告书还是环境影响报告表（有的还要求做某个要素的专题报告）。评价单位应该以此咨询表／意见表所提要求为准。

4. 环境影响评价的监督管理

（1）环境影响评价人员的资质管理

从事环境影响评价的人员应持有环境影响评价岗位证书方能开展环境影响评价工作。同时，《环境影响评价工程师职业资格制度暂行规定》《环境影响评价工程师职业资格考试实施办法》及《环境影响评价工程师职业资格考核认定办法》规定，对从事环境影响评价工作的专业技术人员实行职业资格制度，并纳入国家专业技术人员职业资质证书制度统一管理。按照该规定，环境影响评价工程师职业资格实行定期登记制度，登记有效期为3年，期满后应按规定再次登记。生态环境部或其委托机构为环境影响评价工程师职业资格登记管理机构。

（2）环境影响评价的质量管理

环境影响评价机构一旦与建设单位确定承担建设项目环境影响评价工作的委托关系，需安排有关项目负责人组织相关人员编写该项目的环境影响评价报告书／报告表，明确目标和任务，分工合作。项目负责人接受委托后应带领相关人员着手编制该项目评价工作提纲／环境评价大纲，制定项目评价中需要进行的检测分析、参数测定、野外试验、室内模拟、模式验证、数据处理等工作内容，并确定各项工作的实施步骤。对于要求编制环境影响评价大纲的重大项目，还需进行环境影响评价大纲的评审，确保环境影响评价工作的总体技术路线和思路方法、重要环节以及监测方案的可行性。

对于符合《关于简化建设项目环境影响评价报批程序的通知》（环办〔2004〕65号）中有关规定的开发区建设项目，可不编制环境影响评价大纲，直接编制环境影响评价报告书／报告表。环境影响评价工作大纲经专家评审会或环保主管部门认定后，项目负责人按照大纲要求进行后面的相关工作，并把好环境影响评价报告书／报告表各个环节的质量关。环境影响评价的质量保证工作应该贯穿于整个环境影响评价的全过程。评价机构应当对环境影响评价结论负责，项目负责人及编制人员亦应对报告书／报告表的内容负责。

第二章 环境影响识别与评价因子筛选

近年来，环境影响评价制度一直处于发展阶段，在环境影响识别与评价因子筛选方面更是涉及时间不长，所以为了更好地发展，就需要进行适当的调整以及提供相应的办法措施。本章将分为环境影响识别的一般要求、环境影响识别的方法和环境影响评价因子的筛选方法三个方面，主要包括环境影响的概念、环境影响识别的基本内容、大气环境影响评价因子的筛选方法等内容。

第一节 环境影响识别的一般要求

一、环境影响的概念

对于建设项目环境影响评价来讲，环境影响是指拟建项目与环境之间的相互作用，即以下式子。

$$[拟建项目]+[环境] \rightarrow \{变化的环境\}$$

根据拟建项目的特征和拟选厂址（或路由）周围的环境状况预测环境变化是环境影响评价的基本任务。将拟建项目分解成各层"活动"，将环境分解成各个要素，则拟建项目和环境的相互影响关系表现为以下式子。

$$[拟建项目]=(活动)_1，(活动)_2，\cdots，(活动)_m$$
$$[环境]=(要素)_1，(要素)_2，\cdots，(要素)_n$$
$$(活动)_i(要素)_j \rightarrow (影响)_{ji}$$

其中，$(影响)_{ji}$ 即表示第 i 项"活动"对第 j 项要素的影响。对于预测到的不利环境影响，通常需要采取一系列措施（包括防止、减轻、消除或补偿）来减缓不利的环境影响。在采取了减缓措施后，环境影响表述为下列式子。

$$(活动)_i(要素)_j \rightarrow (影响)_{ji} \rightarrow 预测和评价 \rightarrow 减缓措施 \rightarrow (剩余影响)_{ji}$$

二、环境影响识别的技术考虑

在建设项目的环境影响识别中，一般在技术上应该对以下几方面的问题加以考虑。

①项目的特性。

②项目涉及当地环境特性及环境保护要求。

③对主要的环境敏感区和环境敏感目标进行识别。

④从自然环境和社会环境两方面对环境影响加以识别。

⑤突出识别重要或社会关注的环境要素，并应识别可能会造成的主要环境影响、主要环境影响因子，并说明环境影响的属性，判断影响程度、影响范围和可能的时间跨度。

第二节　环境影响识别的方法

一、环境影响识别的基本内容

在进行环境影响识别时，可以从以下几方面切入：项目本身的特性，如类型、规模等；项目所在地的环境特性及环境保护要求；项目所在地的环境敏感区、敏感目标等。

1. 环境影响类型

如何在实施规划和建设项目后分析、预测以及评价可能会给环境带来的影响，需要确定建设项目的哪些活动将会对哪些环境要素产生影响，以及影响的程度如何，这就需要开展环境影响识别。

在环境影响识别中，一般可以将自然环境要素分为地形、气候、陆生生物、水生生物等，将社会环境要素分为城市、土地利用等。

而在进行环境影响识别时，还可以从以下几方面切入：项目本身的特性，如类型、规模等；项目所在地的环境特性及环境保护要求；项目所在地的环境敏感区、敏感目标；从自然环境和社会环境两方面对环境影响加以识别；重点识别社会关注的和重要的环境要素。

由于规划或建设项目类型的不同，其影响环境的方式也都有所不同，对于以工业污染物排放影响为主的工业类项目，会产生明确的有害气体和污染物，通过有效运用其所产生的影响，能够有效跟踪和识别其影响方式；对于以生态影响为主的"非污染类项目"，可能没有产生明确的有害气体和污染物，需要仔细分析建设"活动"与各环境要素、环境因子之间的关系，以更好地识别影响过程。拟建项目的"活动"，通常会按四个阶段进行划分，即建设前期（勘探、选址选线、可研与方案设计）、建设期、运行期和服务期满后，需要识别不同阶段各"活动"可能带来的影响。

（1）生态环境影响识别

生态环境影响识别是将开发建设活动的作用与生态环境的反应结合起来进行综合分析的第一步，主要是为了明确主要的影响因素和主要受影响的生态系统与生态因子，从而对评价工作的重点内容进行筛选。

①影响因素识别。影响因素识别主要是识别作用主体，即开发建设项目。作用主体应包括主要工程和全部辅助工程。在项目实施的时间序列上，应包括设计期、施工期、运营期以及死亡期的影响识别。在空间上，应对集中开发建设地和分散地的影响点，永久占地与临时占地等影响因素加以识别。此外，还包括影响的发生方式，如作用时间的长短、直接作用还是间接作用等。

②影响对象识别。影响对象识别是对影响受体也就是生态环境进行识别。识别内容应包括：对生态系统组成要素的影响；对区域主要生态问题的影响；有无影响敏感生态保护目标。

③影响后果与程度识别。影响后果与程度识别包括：影响后果，是正影响还是负影响，是长期影响还是短期影响等；影响程度，即影响发生的范围大小，是否为影响生态系统的主要组成因素等。例如，我国长江三峡建坝的环境影响评价，重点环境参数按以下步骤选定：一是就影响内容进行分类，比如是物理影响还是生物影响，是对库区的影响还是对下游的影响等；二是评价产生影响的可能性，就是否有影响进行论证；三是估计影响的大小；四是确定影响的时间性，是短期影响还是长期影响等；五是确定公众关心的问题及其程度。

（2）土壤环境影响识别

①土壤环境影响识别类型。土壤环境影响会按照依据的不同，划分为不同的类型。

A. 按影响成果划分：土壤污染型，指建设项目在开发建设和投产使用的过程中，对土壤环境产生化学性和物理性或生物性污染危害，一般工业建设项目，大部分均属这种类型；土壤退化、破坏型，指的是建设项目对土壤环境施加的主要影响不是污染，而是项目本身的固有特性和对条件的改变，如改变地质、地貌、水文、气候和生物，导致土壤退化。

B. 按影响时段划分：建设阶段影响，是指建设项目在施工期间对土壤产生影响，主要包括厂房、道路交通施工，建筑材料和生产设备的运输、装卸、储存等对土壤的占压、开挖，土地利用的改变，植被破坏可能引起的土壤侵蚀，以及拆迁居民在移民区建设生产的土壤挖压和破坏等；运行阶段影响，是指建设项目投产运行和使用期间产生的影响，主要包括项目生产过程排放的废气、废水和固体废物对土壤的污染及部分水利、交通、矿山使用过程中引起的土壤退化和破坏；服务期满后的影响，是指建设项目使用寿命期结束后仍继续对土壤环境产生的影响，主要包括地质、地貌、气候、水文、生物等土壤条件，随着土地利用类型改变而带来的土壤影响，如矿山生产结束后，留下矿坑、采矿场、排土场、尾矿场继续对土壤产生的退化、破坏影响和残留重金属的土壤污染影响；城市中心区土地转换中，工厂搬迁后遗留的有机、无机污染物对土壤环境的影响等。此外，按影响时段的长短，可划分为短期或突变影响和长期或缓变影响。一般项目建设阶段的影响为短期影响，建设完成即可逐渐消除，如施工引发的土壤侵蚀。而项目运行期和服务期满后的土壤影响，往往是长期、缓慢的影响。一般包括整个运行期和服务期满后延续到土地复基或土地利用类型改变之后的时间。

C. 按影响方式划分。直接影响，指的是影响因子产生后直接作用于被影响的对象，并直接显示出因果关系，如以土壤环境作为影响对象，土壤侵蚀、土壤沙化、土壤因施入固体废弃物或污水灌溉造成的污染等，均属于直接影响。例如，以人群为影响对象，土壤作为介质，则土壤中某些重金属污染属于直接影响，如铅进入人体内，一般是以"土—手—口"直接摄入为主，从而使土壤铅直接危害人体健康。间接影响，指的是影响因子产生后需要通过中间转化过程才能作用于被影响的对象。以土壤环境作为影响对象，土壤沼泽化、盐渍化，一般需经过地下水或地表水的浸泡作用和矿物盐类的浸渍作用才能分别发生，均应属于间接影响，干、湿沉降物引起的土壤酸化，也属于间接影响。而以人群作为影响对象，土壤作为介质，则绝大部分土壤污染物，均是被农作物、动物吸收后，通过食物链进入人体而危害人群健康，均为间接影响。在环境污染中，这是土壤污染的显著特征，也是其与水体、大气污染大相径庭之处。

D. 按影响性质划分。可逆影响，是指在施加影响的活动停止后，土壤可迅速或逐渐恢复到原来的状态，如土壤退化、土壤有机物污染，属可逆影响；不可逆影响，指的就是施加影响的活动一旦发生，土壤就不可能或很难恢复到原来的状态。例如：土壤侵蚀，主要指严重的土壤侵蚀，就很难恢复原来的土层和土壤剖面；一些疏松土层流失殆尽，露出裸岩的地区，一般来说就不可能恢复原来的土壤层，属于不可逆影响；对于一些重金属污染，由于重金属在土壤中不能被土壤微生物降解，又易被土壤有机、无机胶体吸附，难以淋溶、迁移，所以被重金属污染的土壤一般难以恢复，也属于不可逆影响。积累影响，是指那些在土壤中排放的污染物，经过一段很长的时间会严重危害土壤，直到积累超过一定的临界值后才会加以体现，如某些重金属在土壤中对农作物的污染积累作用而致其死亡的影响，即积累影响。协同影响，就是指两种以上的污染物同时作用于土壤时所产生的影响大于每一种污染物单独影响的总和，如重金属污染的红壤中交换性钾减少，可溶性钾增加，说明重金属污染降低了红壤吸附钾的能力，促进了钾的解吸和土壤对钾的释放，从而加剧红壤中钾肥的流失。

②各项目的土壤环境影响识别基本可分为工业建设项目、水利工程建设项目、农业工程建设项目等。

A.工业建设项目的土壤环境影响识别。一般来讲，工业建设项目包含的类型有很多。不同的工业建设项目生产过程涉及的原材料、生产工艺流程、排放的各种废弃物的特性不同，不同生产性质的工业项目对环境的影响也有所不同。在各种工业建设项目中对土壤环境产生影响的工业部门主要包括钢铁工业、有色金属冶炼工业、化学工业、石油化学工业等。

工业废气对土壤环境的影响：在工业生产过程中，排放的烟气主要来自生产动力燃烧的矿石燃料。例如，有色金属的冶炼，硫化矿床在金属矿床中占有相当一部分，如铅、锌等。在开采和冶炼矿床的过程中，低价态硫被氧化为二氧化硫而排入大气。在大气中，二氧化硫经过复杂的化学和物理作用后，通过降水、扩散和重力的作用落至地面，并在土壤中进行深入渗透，从而导致土壤酸化。土壤酸化可促进养分的淋溶，在长期受酸性物质淋溶的影响下，淋洗出的营养物质比未酸化的土壤高 3～10 倍，造成土壤肥力下降。同时，在有色金属的冶炼过程中有大量的重金属元素会随着废气逐渐排放到大气之中，再经过沉降渗入土壤之中，进而会严重影响土壤环境。

工业废水对土壤环境的影响：直接采用经过处理或未经处理的工业废水来灌溉农田，会对土壤环境造成严重污染。污水灌溉关系着土壤环境的效应与污水的性质。污水灌溉引入的重金属会在一定程度上毒害田间的作物。工业污水若采用生化技术处理将产生大量的污泥。将生化处理后产生的剩余活性污泥向土壤中进行排放，污泥与土壤相互作用，土壤的性质及土壤的元素分布和分配发生变化，进而影响到植物的生长，并影响周围的环境。土壤中施用活性污泥，土壤有机质与土壤含氮量得到提高，但土壤的容重下降。污泥施用还会提高土壤中的重金属含量，提高的幅度关系着污泥中的重金属含量、污泥施用量及土壤管理水平。

工业固体废弃物对土壤环境的影响：在生产过程中，工业项目将会产生很多固体废弃物，这些废弃物是指在加工生产过程中抛弃的副产物或不能使用的渣屑。在掩埋或堆放固体废弃物的地方可能会有多种途径导致污染物发生迁移，从而给土壤环境带来严重危害。此外，工业建设项目对土壤环境影响还应扩展到原料的生产与运输、储藏、工业产品的消费与使用过程中。

B. 水利工程建设项目的土壤环境影响识别。水利工程不仅产生了巨大的正面效益，而且也产生了各种明显或潜在的环境问题。水利工程的不利影响将会直接或间接地影响水利工程周边及其下游区域的土壤环境。

占用土地资源：水利工程建设施工期间将会对土地资源进行占用，包括各种施工机械的停放、建材的堆放、开挖土石的安置、施工队伍的生活场地所占用土地等。这部分被占用的土地在施工结束后能部分恢复。水利工程建成使用后，将立即带来突发性的土壤资源的永久损失。

引发土壤盐渍化：库区土壤盐渍化是水利工程运行后，在长期缓慢的累积作用之后才产生的效应。建设水坝，拦河蓄水时，不仅增加了水库水位，也升高了水库附近的地下水水位，从而造成土壤返盐。水库建成之后，增大了农田灌溉的面积，当运用漫灌的方式灌溉耕地时，在蒸腾、蒸发的作用下会流失大部分水分，而盐分则在土壤中滞留，从而严重危害了农作物的生长。除此之外，在河口地区也会有盐渍化现象发生，如在水库蓄水后，下泄水量减少，河口地区海水入侵使滨海地带的低洼地区直接被海水淹没，同时海水沿河上溯倒灌，深入内陆腹地，引起河道两侧的土地发生盐渍化。

降低了河口地区的土壤肥力：海岸后退，水库蓄水后，在水库库区沉积了河流上游的泥沙，不仅降低了河流下泄的速度，还减少了河流向下游的输沙量，打破了河流侵蚀河岸与淤泥沿河岸沉积之间的平衡，使之前的肥沃污泥不能对下游土壤进行有效补充，从而开始降低土壤质量。

C. 农业工程建设项目的土壤环境影响识别。农业工程建设项目并没有明确的界定和含义，可以将其理解为与农业生产有关、农业目的明确、手段特定的农业生产活动。所以，可将农业工程建设项目分为农业机械化工程建设项目、农业排灌工程建设项目，以及农业垦殖工程建设项目。

农业机械化工程建设项目对土壤环境的影响。要充分发挥大型农业机械的效率，前提是农业面积要达到一定数量。为此，必须除去灌丛、林带、草皮等隔离物，将小块的土地连成大片的农田。大面积直接暴露那些失去植被保护的农田，会使水蚀和风蚀的概率增大。另外，大型农业机械不仅在一定程度上压实了土壤，还在一定程度上加大了植物根系向下生长的阻力，由于压实的土壤妨碍了根系与大气中氧和二氧化碳的交换。压实土壤的渗透力下降，会形成较大的地表径流，增加了土壤的侵蚀强度。

农业排灌工程对土壤环境的影响。良好的土壤排水系统能够有效减少土壤中的多余盐分，从而有效缓解土壤的盐渍化，并有效改善土壤的物理性质。同时，植物的根系有较大的下部生长空间，能够充分交换二氧化碳与氧气。在春季，排水良好的土壤变暖早，可以提前播种发芽；在冬季，严寒对植物的损害也可减少。排水良好的土壤不易受侵蚀，容易进行机械化耕作，与其他土壤相比，其遭受干旱的危险也相对较低。一般来讲，良好的土壤排水系统在一定程度上限制了排水洼地的范围，有效减少了水饱和土壤面积，同时也有效减轻了内涝的危险。土壤的排水工程也可能产生不利影响，如排水系统的排水强度过高，会提前出现地表径流加快的现象，从而极大地增加了水土流失发生的概率。

除此之外，土壤长期排水会在很大程度上影响土壤的质量，降低有机土壤的水位会导致泥炭材料氧化，最终会导致土壤有机养分和泥炭的流失。在农业工程中，建设灌溉水渠时容易引起次生盐渍化。在使用灌溉水渠之后，由于水的侧压和静水压力补偿作用，会抬高干渠两侧的地下水位，从而造成土壤返盐的现象。根据引黄灌溉的实践经验，一般引水灌溉 2～4 年，灌区地下水位可升高 1m 左右，土壤会有返盐现象。

农业垦殖工程对土壤环境的影响。农业工程中的垦殖工程包括使用化肥和农药。使用合成化肥和农药不仅极大地提高了农业生产力，而且也在很大程度上增加了农业产量。此外，使用化肥和农药也使土壤的组成和化学性质产生了相应的改变，也可能会带来一系列的污染问题。使用化肥和农药也会影响土壤的酸度，加快土壤中有机碳和氮的消减，直接污染土壤。在生产化肥和农药过程中可能产生污染物，包括重金属、有机无机化合毒物、放射性毒物等。另外，地膜覆盖后的残留物、城市垃圾都会影响土壤的质量，给土壤环境带来大量污染物质；秸秆焚烧引起土壤的水蚀和风蚀，会造成土壤养分减少，同时由于焚烧土壤温度上升，会加速土壤腐殖质的损失。

（3）区域环境影响识别

①区域环境影响识别的原则。

A. 依据：区域环境影响识别应该全面、综合地分析开发区和当地的经济，调查主要环境制约因素、分析环境问题及其发展趋势，并研究环境问题可能给社会经济带来的影响。区域环境影响识别可分为宏观规划和具体项目两个层次进行，所选择的评价因子，应该是同开发区规划的建设活动相关的环境因子。应当注意，宏观规划层次上的识别，应该分析环境问题的有利和不利影响、直接和间接影响、可逆和不可逆影响等。

B. 评价指标：区域环境影响识别应从对社会经济的影响和对自然环境的影响两方面来进行。社会经济环境因素主要包括能源及利用方式、居民收入等方面；自然环境因素包括水资源、大气环境、生态环境、固体废物等方面。

②区域环境影响识别的方法。

A. 影响矩阵法：类似于建设项目环境影响评价中采用的影响矩阵法。在影响矩阵中，将具体的建设活动置换为规划内容或计划项目，对应于评价因子，采用五级分级方法，或采用文字简述，逐项说明环境影响。同时要特别考虑主要影响，如环境目标和优先性、环境影响类型、环境因子等。

B. 图形重叠 /GIS 系统：此方法的主要优点是可以辨识和标识开发区建设将显著影响的地域，如开发区用地是否与其他规划、环境功能区划有冲突，开发规划是否侵蚀环境敏感区等，特别是该法可以辨识可能发生累积环境影响的地域。

C. 网络与系统流程图：可用于描述区域规划内容同环境影响之间的因果关系，尤其能够对间接影响和累积影响加以识别。

2. 环境影响程度

环境影响程度是指建设项目的各种"活动"对环境要素的影响强度。有些环境影响可能是显著的，在对项目做出决策之前，需要对其影响程度有一个深入了解，而有些环境影响可能是不重要的，或基本不影响项目的决策和管理。在环境影响识别中，可以使用一些具有"程度"判断的词语来表征环境影响的程度。这种表达的标准不是统一的，一般与评价人员的文化、环境价值取向和当地的环境状况有关。

3. 环境影响因子识别

对人类的某项活动进行环境影响识别，首先要弄清项目所在地区的自然环境和社会环境状况，确定环境影响的评价范围。在此基础上，按照工程的组成、特性及其功能，结合工程影响地区的特点，从自然环境和社会环境两个方面选择那些需要进行环境影响评价的环境因子。

各环境要素可由表征该要素特性的各相关环境因子具体描述，构成一个有结构、分层次的环境因子序列。构造的环境因子序列应能描述评价对象的主要环境影响，表达环境质量状态，并便于度量和监测。选出的因子应能组成群，并构成与环境总体结构相一致的层次，在各层次上通过确定"有""无"（可含不定）来全部识别出来，最后得到一个某项目的环境影响识别表，用来表示该项目对环境的影响。

在进行影响识别过程中，项目建设阶段、生产运行阶段和服务期满后对环境影响的内容不同，其环境影响识别表也有所不同。在建设阶段，主要是施工期间的建筑材料、设备的运输和装卸的影响，以及施工机械、车辆的噪声和振动的影响等。在生产运行阶段，主要是物料流、能源流、污染物对自然环境和社会、文化环境的影响，对人群健康和生态系统的影响以及危险设备事故的风险影响等。服务期满后的环境影响主要是对水环境和土壤环境的影响，如水土流失所产生的悬浮物和以各种形式存在于废渣、废矿中的污染物。

二、建设项目的环境影响识别方法

1. 环境影响识别的基本程序

在进行建设项目或规划项目的环境影响识别过程中，首先需要判断拟建项目的类型，即拟建项目是污染型建设项目、非污染生态影响型建设项目，还是规划类项目（如工业集聚区规划、环境园规划和旅游规划区建设规划等）。在此基础上，根据国家发布的《建设项目环境保护分类管理名录》中的若干规定和建议，针对拟建项目对环境的影响进行初步识别。例如，拟建项目是否对环境可能造成重大影响、轻度影响，或者是影响很小。具体识别方法可参考《建设项目环境影响评价技术导则总纲》（HJ 2.1—2016）中的基本方法。环境影响识别的基本程序如图 2-1 所示。

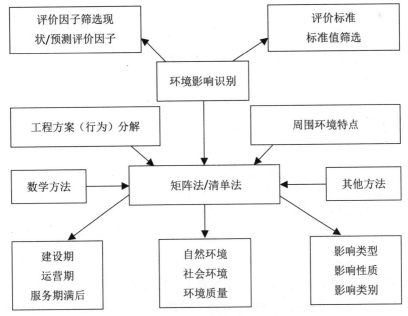

图 2-1 建设项目环境影响识别的基本程序

2. 环境影响识别的技术方法分类

环境影响识别的技术方法有很多，包括清单法、矩阵法和基于 GIS 的叠图法等。总体上其可分为两类：一类是根据拟建项目排放的特征污染物进行逐一分析的方法，另一类是利用环境影响识别表进行。下面以清单法和矩阵法为例说明如下。

（1）清单法

清单法又称为核查表法，是将可能受开发方案影响的环境因子和可能产生的影响性质，用一张表格的形式罗列出来，从而进行识别的一种方法。

环境影响识别常用的是描述型清单。这种清单包括以下两种。

一种是环境资源分类清单，即先简单地划分受影响的环境要素，以突出那些有价值的环境因子。通过环境影响识别，将影响显著的环境因子作为后续评价的主要内容。该类清单已按能源类、市政工程类等编制了主要的环境影响识别表，环境影响识别表在世界银行《环境评价资源手册》等文件中可查得。

另一种是传统的问卷式清单。在清单中一一罗列了需要询问的与"项目 – 环境影响"相关的问题，并询问项目的各项"活动"和环境影响。答案可以是"有"或"没有"。如果答案是有，则在表中的注解栏说明影响程度、发生影响的条件和环境影响的方式，而不是对某项活动将产生的某种影响进行简单回答。

（2）矩阵法

矩阵法是由清单法发展而来的，不仅具有影响识别功能，还有影响综合分析评价功能，它较为全面、系统地排列了清单中所列的内容。把拟建项目的各项"活动"和受影响的环境要素组成一个矩阵，在拟建项目的各项"活动"和环境影响之间建立直接的因果关系，以定性或半定量的方式对拟建项目的环境影响进行说明。该类方法主要有相关矩阵法和表格矩阵法。

在环境影响识别中，一般采用相关矩阵法，即通过系统地列出拟建项目各阶段的各项"活动"，以及可能受拟建项目各项"活动"影响的环境要素，构造矩阵，确定各项"活动"和环境要素及环境因子的相互作用关系。

表格矩阵法是由多个方格组成的一张表格。这张表格有两个轴：一个横轴，一个纵轴。横轴位于表格的第一行，纵轴位于表格左边的第一列。横轴列出建设项目可供选择的各种建设方案，纵轴列出各建设项目可能影响的自然环境、经济、社会与文化和土地利用规划等各方面的环境因素。这样就得到了一张由许多方格组成的网格表。在每一个小方格中，填写某一建设方案（或特定活动）对某个特定因素的影响。一般在小方格中画两条斜线，斜线左上角用数字表示直接影响值的大小，斜线右下角数值表示间接影响值的大小，中间斜格中的数值表示综合影响值的大小，综合影响值的大小等于直接影响值和间接影响值的代数和乘以权重，一般权重值列在右边第一列。

三、规划环境影响识别的基本方法

1.规划环境影响识别的主要内容

规划环境影响识别应重点从规划的目标、规模、布局、结构、建设时序及规划包含的具体建设项目等方面，全面识别规划要素对资源和环境造成影响的途径与方式，以及影响的性质、范围和程度。如果规划分为近期、中期、远期或其他时段，还应识别不同时段的影响。其主要内容包括以下几方面。

（1）不同类型影响识别

识别规划实施的有利或不良影响，重点识别可能造成的重大不良环境影响，包括直接影响，间接影响，短期影响，长期影响，以及各种可能发生的区域性、综合性、累积性的环境影响或环境风险。

（2）危险物质影响识别

对于某些有可能产生具有难降解、易生物蓄积、长期接触对人体和生物产生危害作用的重金属污染物、无机和有机污染物、放射性污染物、微生物等的规划，应识别规划实施产生的污染物与人体接触的途径、方式（如经皮肤、口或鼻腔等）以及可能造成的人群健康影响。

（3）重大不良影响的分析与判断

对资源、环境要素的重大不良影响，可从规划实施是否导致区域环境功能变化、资源与环境利用严重冲突、人群健康状况发生显著变化三个方面进行分析与判断。

其一，导致区域环境功能变化的重大不良环境影响，主要包括规划实施使环境敏感区、重点生态功能区等重要区域的组成、结构、功能发生显著不良变化或导致其功能丧失，或使评价范围内的环境质量显著下降（环境质量降级）或导致功能区主要功能丧失。

其二，导致资源、环境利用严重冲突的重大不良环境影响，主要包括：规划实施与规划范围内或相邻区域内的其他资源开发利用规划和环境保护规划等产生的不良影响；规划实施导致的环境变化对规划范围内或相关区域内的特殊宗教，民族或传统生产、生活方式产生的显著不良影响；规划实施可能导致的跨行政区、跨流域以及跨国界的显著不良影响。

其三，导致人群健康状况发生显著变化的重大不良环境影响，主要包括：规划实施导致具有难降解、易生物蓄积、长期接触对人体和生物产生危害作用的重金属污染物、无机和有机污染物、放射性污染物、微生物等在水、大气和土壤环境介质中显著增加，对农牧渔产品的污染风险显著增加；规划实施导致人居生态环境发生显著不良变化。

（4）筛选重点内容

通过环境影响识别，以图、表等形式建立规划要素与资源、环境要素之间的动态响应关系，给出各规划要素对资源、环境要素的影响途径，从中筛选出受规划影响大、范围广的资源、环境要素，作为分析、预测与评价的重点内容。

2.规划环境影响识别的基本程序

针对实施识别环境可行的规划方案后可能导致的主要环境影响，编制规划的环境影响识别表，并结合相应的环境目标来更好地选择评价指标。规划的环境影响识别与确定评价指标的基本程序如图2-2所示。

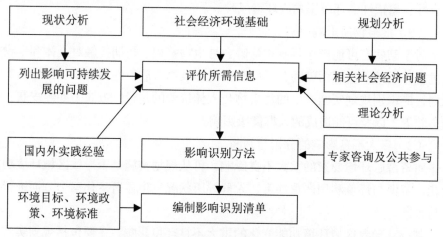

图2-2　规划环境影响识别的基本程序

3.规划环境影响识别技术方法

通常而言，可以将规划环境影响评价中采用的技术方法分为两类：一类是在建设项目环境影响评价中采取的，可用于规划环境影响评价的方法；另一类是在经济部门、规划研究中使用的，可用于规划环境影响评价的方法。

一般来讲，规划环境影响识别的方法有核查表法、矩阵分析法、网络分析法、层次分析法、情景分析法、专家咨询法、类比分析法、压力状态响应分析法，以及SWOT分析方法等。

第三节　环境影响评价因子的筛选方法

一、大气环境影响评价因子的筛选方法

评价因子的筛选是进行定量环境影响评价的基础，而分析建设项目污染因子，则是评价因子、监测因子和预测因子确定的前提条件。大气环境影响评价因子的筛选原则有以下几点。

①选择的评价因子必须可以突出项目的特点，能反映建设项目大气环境影响的主要特征和大气环境系统的基本情况，能判断项目影响大气环境的主要因素，能预测、分析和评价项目带来的主要环境问题。

②评价因子要同时考虑常规污染物和特征污染物。

③应筛选出没有环境标准的环境影响特征因子，并参考有关标准进行评价。

④对改、扩建项目及有区域替代污染源项目，还应筛选出其现有主要污染因子作为评价因子。

⑤应特别注意对污染物排放量较小，但毒性较大的污染排放项目评价因子的筛选，如农药项目，虽然生产规模可能较小，但排放的污染物毒性大，具有累积性影响和难处理等特点。

⑥评价因子的筛选过程中，应注意区分污染因子、评价因子、监测因子和预测因子的不同含义。例如：污染因子，其基本含义为在建设项目或区域开发过程中，对人类生存环境造成有害影响的所有污染物的泛称，即生产活动产生和排放的所有大气污染物；评价因子则是指建设项目或开发活动自身排放的大气污染物中，对周边环境影响较大、需要进行定量或定性分析评价的污染因子，主要是常规污染物及特征污染物。

在大气环境影响评价中，应按照拟建项目的特点和大气污染状况来筛选污染因子：首先，应以该项目等标排放量 P_i 较大的污染物为主要污染因子；其次，还应对那些在评价区内已造成严重污染的污染物加以考虑；最后，也应将那些列入国家主要污染物总量控制指标的污染物作为评价因子。等标排放量 P_i（m^3/h）的计算公式如下。

$$P_i = \frac{Q_i}{c_{0i}} \times 10^9$$

式中：Q_i 为第 i 类污染物单位时间的排放量，t/h；c_{0i} 为第 i 类污染物空气质量标准，mg/m^3。

按照《环境空气质量标准》（GB 3095—2012）中二级、1h 平均值计算空

气质量标准 c_{0i}，对于该标准未包括的项目，可参照《工业企业设计卫生标准》（GBZ 1—2010）中的相应值选用。

二、水环境影响评价因子的筛选方法

从所调查的水质参数中选取水环境影响评价因子，主要需要调查以下两类水质参数：一类是常规水质参数，它可以反映水域水质的一般状况；另一类是特征水质参数，它能代表拟建项目将来的排水水质情况。在某些情况下，还需要调查一些补充项目。

①常规水质参数。以《地表水环境质量标准》（GB 3838—2002）中所列的 pH 值、溶解氧、高锰酸盐指数、化学耗氧量、五日生化需氧量、总氮或氨氮、酚、氰化物、砷、汞、铬、总磷及水温为基础，按照水域类别、评价等级及污染源状况适当进行增减。

②特殊水质参数。按照建设项目特点、水域类别及评价等级等进行选择，可以适当根据具体情况进行删减。

③其他方面的参数。被调查水域所要求的环境质量较高，且评价等级为一级、二级，应考虑调查水生生物和底质。一般可以按照具体的工作要求来确定调查项目，或从下列项目中对部分内容加以选择。

水生生物方面主要调查浮游动植物、藻类、底栖无脊椎动物的种类和数量，水生生物群落结构等，底质方面主要调查与建设项目排水水质有关的污染物。按照对拟建项目废水排放的特点和水质现状调查的结果，选择其中的主要污染物，并以严重危害地表水环境以及国家和地方要求控制的污染物作为评价因子。

建设项目实施过程各阶段拟预测的水质参数应按照工程分析和环境现状、评价等级、当地的环保要求筛选和确定；建设过程、生产运行、服务期满后各阶段均应按照各自的具体情况对其拟预测水质参数进行选择，彼此不一定相同。

对于河流水体，可根据下式将水质参数（ISE）排序后从中选取。

$$ISE = \frac{C_p Q_p}{(C_s - C_h) Q_h}$$

式中：

C_p——建设项目水污染物排放浓度，mg/L；

Q_p——建设项目的废水排放量，mg/s；

C_s——水污染物的评价标准限值，mg/L；

C_h——河流上游污染物浓度，mg/L；

Q_h——河流流量，m³/s。

ISE 值是负值或越大，说明拟建项目对该水质参数的污染影响越大。

第三章 工程分析要点

工程分析是环境影响评价中分析建设项目影响环境内在因素的重要环节。建设项目环境影响评价中的工程分析，应该根据项目规划、可行性研究和初步设计方案等工程技术文件中提供的基础资料进行，根据具体情况选择合适的工程分析方法。本章分为工程分析的方法、工程分析的内容两部分，主要包括物料衡算分析法、类比分析法、工程分析的作用、污染型项目工程分析、生态类项目工程分析等内容。

第一节 工程分析的方法

一、物料衡算分析法

物料衡算是一种理论上的定量分析方法，以质量守恒定律为基础，即在生产过程中，投入生产系统的生产原料总质量应与产出物质的质量（产品质量和流失物质的质量之和）相等。其计算通式如下。

$$\sum G_{投入} = \sum G_{产品} + \sum G_{流失}$$

式中：

$\sum G_{投入}$——投入系统的原辅材料总质量。

$\sum G_{产品}$——系统产出的产品和副产品的质量总和。

$\sum G_{流失}$——系统流失的物料质量，含回收的物料质量及产生的污染物质量。

若系统中投入的物料经历了化学反应，则可用下列公式进行污染物排放量计算。

$$\sum G_{排放} = \sum G_{投入} - \sum G_{产品} - \sum G_{回收} - \sum G_{处理}$$

式中：

$\sum G_{排放}$——某污染物最终排入环境的总质量。

∑G 投入——投入系统的原辅材料总质量。

∑G 产品——系统产出的产品和副产品的质量之和。

∑G 回收——回收的产品中的物料总质量。

∑G 处理——经污染治理措施处理掉的污染物的总质量。

采用物料平衡法计算各个污染物产生量时，必须对工艺流程、工艺经济技术参数（含原辅材料的成分及消耗定额、能源的构成、产品的产率和物料转化率等）、主要化学反应（含主、副反应情况）及环境污染防治措施等方面有全面的掌握。

在工程分析中，最为常用的物料衡算有总物料衡算、有毒有害物料衡算、有毒有害元素物料衡算。在可研文件提供的基础资料比较翔实或熟悉生产工艺的条件下，应对物料衡算法进行优先采用，以对污染物排放量加以计算。该方法从理论上讲应该是最精确的。

一般情况下，为了核算厂区内的废水排放量，还需详细调查厂区水的使用、循环及排放等情况，即做水平衡图。通过水平衡分析，区内的用水环节、排水环节和损耗环节一目了然，便于核算废水排放量。

二、类比分析法

类比分析法是利用与被分析的建设项目相同或相似类型的已有工程的设计资料或实测资料进行工程分析的一种方法。在采用这一方法时，应充分注意工程分析对象与类比对象之间的相似性和可比性，如表 3-1 所示。

表 3-1　工程分析对象与类比对象之间的相似性

序号	相似性	内容
1	工程一般特征的相似性	包括建设项目的性质、规模、车间组成、产品结构、工艺路线、生产方法、原料、燃料成分与消耗量、用水量和设备类型等
2	污染物排放特征的相似性	包括污染物排放类型、浓度、强度与数量、排放方式与去向、污染方式与途径等
3	环境特征的相似性	包括气象条件、地貌状况、生态特点、环境功能、区域污染情况等

只有待分析对象与类比对象之间的相似性和可比性较高时，才可能获得比较准确的工程分析类比数据，而且该方法要求数据统计时间较长，故工作量较大。

类比分析法常采用经验排污系数法计算某种产品或工艺过程的污染物排放量。经验排污系数是长期生产经验的总结，是对某种产品、工艺过程和技术水平的污染物排放量进行长期统计分析得出的经验数值。经验排污系数法的计算公式如下。

$$G_i = K_i \times W$$

式中：

G_i——i 污染物的排放量，kg；

K_i——i 污染物在单位产品或单位原料、燃料等的排放定额；

W——产品的产量或原材料、燃料的消耗量，kg。

目前，相关研究部门已经整理发布了不同行业、不同产品生产工艺的很多类型工业污染源的产排污经验数据，如第一次全国污染源普查中的工业污染源产排污系数手册、环境统计手册、环境保护实用手册等技术资料。这些技术资料在很大程度上方便了环境影响评价技术人员的日常工作，但引用时要注意地区、行业、时间段等的差异，必要时予以修正。例如，表 3-2 列举了不同类型燃料的污染物排放系数。

表 3-2 不同类型燃料的污染物排放系数

能源类型		石油液化气	管道煤气	管道天然气	燃料油
烟气量 / (Nm³/t)		17 000	5.48	12.8	11 000
烟尘 / (g/t)		4.7	0.001 5	1	1.18
二氧化硫 / (kg/t)		0.006 8	0.07	9	16
氮氧化物	g/m³	2.99	0.77	0.8	10.65
	kg/t	1.2	—	—	—

三、查阅参考资料分析法

查阅参考资料分析法是利用同类工程或生产工艺已完成的环境影响评价报告文件或经评审后的可行性研究报告等技术资料进行工程分析的方法。相比于物料衡算分析法和类比分析法，此方法方便快捷，但难以保证所查阅资料中数据的准确性。因此，当环境评价要求较低或前两种方法难以奏效时，才会选择查阅参考资料分析法进行建设项目的工程分析。

上述三种方法无优劣之分，只能看适不适合。工程分析方法的选用应根据具体的建设项目类型、性质或特征及所具备的客观条件而定，而工程分析中一般较少选用查阅参考资料分析法。这三种方法主要任务是核定污染物的排放量，而污染物排放量估算仅是工程分析一个目的之一。

物料衡算法以理论计算为基础，比较简单，所得数据相对可靠和准确，但有一定的局限性，并不适合所有的建设项目。由于理论计算是按设备理想的状态考虑的，计算的结果较大多数实际情况偏低，不利于提出有利的环保措施，因此，应根据实际情况对计算的结果进行修正以获得最大排放量。

类比法要求时间长、投入的工作量较大，但也会取得相对比较准确的结果，具有较高的可信度和评价工作等级。因此，一般在评价时间允许，且又有可参考的相同或相似的现有工程时采用。

查阅参考资料分析法最为简便，评价工作等级较低，一般在评价时间短，无法利用物料衡算分析法和类比分析法时采用。其可以作为上述两种方法的补充，但数据准确性差，不适用于定量程度要求高的建设项目。

第二节　工程分析的内容

一、工程分析的作用

1. 为项目决策提供依据

工程分析是预测和评价环境影响的基础，贯穿于整个评价工作的全过程，其主要任务是通过全面分析工程的全部组成、一般特征和污染特征，从项目总体上纵观开发建设活动对环境全局的影响，从微观上为环境影响评价工作提供评价所需数据。在工程分析中，应力求对生产工艺进行优化论证，提出符合清洁生产要求的清洁生产工艺建议，指出工艺设计上应该重点考虑的防污减污问题。

在一般情况下，工程分析是从环保角度对项目建设性质、产品结构、生产规模、原料来源和预处理、工艺技术、设备选型、能源结构、技术经济指标、土地利用和安置方式等进行分析。另外，拟建项目无论是选址还是生产工艺，都应是多方案的，不同的方案对环境有不同的影响。通过分析不同的工程方案，可以从一个角度比较各个方案对环境影响的程度，为有关部门的主管人员从项目方案中选择好的方案，并进行相应的决策提供依据。

拟建项目的开发建设一般都是多方案的，通过每个方案的工程分析对比，有助于从多个方案中筛选出对环境影响最小的方案，为项目的决策人员就环境影响的大小方面挑选方案提供依据。项目的工程分析主要是从环境保护角度对建设项目的性质、建设方案、工艺流程、设备选型、原辅材料选购、经济技术指标、污染物排放方式、环境保护措施和项目厂区总平面布局等方面进行可行性分析，结合产业政策的符合性、清洁生产水平的可接受性、污染达标排放的可行性和选址选线的合理性等分析，为项目的环境管理部门的决策提供科学依据。

此外，工程分析的基础数据来源于项目的可行性研究报告，但不能完全照抄，因为可行性研究报告编制单位的专业水平、行业特长等方面的差异，部分可行性研究报告的质量不能满足工程分析的要求，出现这种情况应及时与建设单位的工程技术人员、可行性研究报告编制单位的技术人员沟通交流，以使工程分析的有关数据能正确反映工程的实际情况。对于没有编制可行性研究报告，直接进行工程设计的建设项目，可将工程分析所需的有关资料列出明细，由设计单位提供。工程分析完成后，尤其是现有工程的建设项目，可将完成的初稿交与建设单位和设计单位，以广泛征求意见，并核实有关数据。

2. 为环境影响评价提供基础资料

进行环境影响识别工作的基础在于通过工程分析，梳理拟建项目可能会对环境产生影响的各项活动。通过分析工程污染特征及可能产生的生态破坏因素，确定污染物的排放种类、数量、排放方式、主要污染因子及污染类型和途径等资料，这是确定评价范围、专题设置、工作等级的主要依据，也是开展其他专题评价的基础数据，并可弥补项目"可行性研究报告"对建设项目产污环节和源强估算的不足。

通过对项目进行工程分析，如项目建设方案的分析、经济技术指标的分析和工艺流程的分析等，有助于梳理出项目建设可能带来的环境影响问题，进而取得各污染物排放源的分布、污染物的类型、污染物的排放方式、排放量、主要污染因子及污染特征等基础数据，从而为后续的废水、废气、固体废物、噪声、清洁生产和风险评价等各个专题的预测及污染防治措施的设定提供支撑。同时，工程分析还能掌握项目建设过程中的主要生态影响和影响程度、范围、类型等基础信息，为后续的生态影响评价及防治措施的制定奠定基础。

3. 为生产工艺和环保治理方案设计提供优化建议

工程分析过程运用物料衡算和清洁生产审计方法，可以发现拟建项目工艺过程中原材料利用和工艺技术中的不合理环节，以及废水、废气和固体废物的主要来源及削减其排放量的主要途径，这为改进生产工艺指出了方向。工程分析对环保措施方案中拟选的工艺、设备及其先进性、可靠性、实用性所提出的剖析意见，也是优化环保设计不可缺少的资料。

通过对建设项目的工艺过程进行工程分析，可从环境保护角度给出生产工艺中明显不合理的环节，提出节能降耗、减少原辅材料使用量和污染物排放量的改进措施。工程分析中还应从工艺设备的先进性、经济技术的合理性和污染

达标排放的可靠性与可操作性等方面对既定的环境保护措施(含生态保护措施)进行可行性分析,进而给出改进的具体措施或优化建议。对于改扩建项目,还应分析现有工程的环保措施的合理性、有效性,并提出"以新带老"的环保改进措施,包括更换先进的环保设备、提高环保设施的清洁性和效率等。因此,全面的工程分析能为建设项目的生产工艺改进和环保治理方案设计提供优化建议。

4. 为项目的环境管理提供建议指标和科学数据

工程分析筛选的主要污染因子是项目建设期和运行期进行日常环境管理的对象,为保护环境所核定的污染物排放总量建议指标是对项目进行环境管理的强制性指标之一。

工程分析中所筛选出的主要污染因子是项目的建设单位和环境管理部门进行日常环境管理的依据;工程分析中所核定的污染物排放总量是环境管理部门对建设单位运营期进行环境管理的重要手段;工程分析中明确的污染物排放浓度、排放量、排放方式以及污染物治理措施是环境管理部门进行环保验收和后续环境管理的参照标准。环境影响评价文件可为建设项目的后续环境管理提供基本依据,而工程分析是环境影响评价的基础。

工程分析是建设项目环境管理的基础。工程分析对建设项目污染物排放情况的核算,将成为排污许可管理的主要内容,也是排污许可证申领的基础。我国开始实施的固定污染源环境管理的核心制度——排污许可制,将向企事业单位进行排污许可证的核发,其将作为生产运营期排污行为的唯一行政许可。

二、工程分析的原则

1. 注重政策性

在开展工程分析时,首先应依据国家的方针、政策和法规分析建设项目可能对环境产生的影响因素,针对建设项目在产业政策、能源政策、环保技术政策等方面存在的问题,为项目决策提出与环境政策法规要求相符的建议。

2. 具有针对性

工程特征的多样性在一定程度上决定了影响环境因素的复杂性。为了准确把握评价工作的主攻方向,防止无的放矢和轻重不分,工程分析应按照建设项目的性质、类型、污染物种类、排放方式等特征,通过系统分析,从众多的污染因素中筛选出对环境干扰强烈、影响范围大,并有致害威胁的主要因子作为评价主攻对象,特别应该明确拟建项目的特征污染因子。

工程项目是多门类的，其对环境的影响也是错综复杂的。因此，工程分析一定要找准主攻方向，通过全面分析建设项目的性质、类型、排放方式和外环境容量等具体特征，选择对环境干扰强烈、影响大的主要因素作为评价的主要对象，针对重点解决实际问题，使之更具操作性。

3. 提供定量而准确的资料

工程分析资料是进行各专题评价的基础。工程分析中所提特征参数，尤其污染物最终排放量，是开展各专题影响预测的基础数据。整体而言，工程分析在一定程度上决定了评价工作的质量。工程分析提出的定量数据一定要准确可靠；定性资料要力求可信；复用资料要经过精心筛选，注意时效性。

建设项目后续的水、气、噪声和固体废物等专题评价必须要以工程分析中所确定的污染物种类和所核算的污染物排放源强为基础依据，因而这就要求工程分析的定量数据一定要准确可靠，定性资料一定要切实可行。

4. 从环保角度提出优化建议

①按照环保技术政策分析生产工艺的先进性，按照资源利用的政策分析原料消耗、水耗、燃料消耗的合理性，同时探索可以最大限度降低污染物排放量的途径。

②按照当地的环境条件，对工程设计提出合理建设规模和污染排放的有关建议，从而有效避免只顾经济效益、忽视环境效益的现象发生。

③分析拟定环保措施方案的可行性，提出必须保证的环保措施，使项目既能正常投产，又能保护环境。

根据国家相关的环保政策法规和项目所在区域性环境功能区划要求，为项目的选址、布局和建设方案等提出环保优化建议。根据清洁生产和环境保护的要求，为改进建设项目生产工艺、降低资源使用量、减少污染物排放、改进既定环保工程设计等方面提出具体建议。

三、工程分析的依据

工程分析的开展必须借助建设项目前期已取得的某些设计图纸技术文件或文献资料等，主要包括以下几方面。

①建设单位或设计单位提供的项目实施规划、可行性研究报告以及各种设计文本、图纸等基础资料。

②收集国内外相关行业的资料文献，包括国家的相关环保政策法规、类似项目的环境影响评价文件、工艺反应的原理等技术文件。

③正在运行的相同或类似项目的基础数据。

值得说明的是，项目的规划设计方案、可行性研究报告和工程设计等技术文件中记载的资料和数据能满足工程分析所需的精度要求时，应加以复核确认后方可使用，杜绝不加考证、盲目照搬的行为。

四、工程分析的重点与阶段

1. 工程分析的重点

根据建设项目对环境影响的方式和途径不同，环境影响评价常把建设项目分为两大类，即污染型项目和生态影响型项目。污染型项目主要是污染物排放对大气环境、水环境、土壤环境或声环境的影响，其工程分析的重点是分析项目的工艺过程，核心是确定工程污染源；生态影响型项目主要是项目建设期、运营期对生态环境的影响，其工程分析的重点是建设期的施工方式及运营期的运行方式，核心是确定工程的主要生态影响因素。

2. 工程分析的阶段划分

根据实施过的不同阶段可将建设项目分为建设期、生产运营期、服务期满后三个阶段来进行工程分析。

①所有建设项目都应分析运行阶段所产生的环境影响，包括正常工况和非正常工况时的环境影响。

②部分建设项目的建设周期长、影响因素复杂，所以需要分析建设期的工程。

③受运营期的长期影响、累积影响或毒害影响，个别建设项目会改变项目所在区域的环境，所以需要分析服务期满后的工程。

五、污染型项目工程分析

1. 污染型项目工程分析的工作内容概述

对于环境影响以污染因素为主的建设项目而言，原则上应该按照建设项目的工程特征来确定工程分析的工作内容。其工作内容一般包括七部分，如表3-3所示。

表 3-3　污染型项目工程分析的基本工作内容

工程分析项目	工作内容
工程概况	工程一般特征简介 物料与能源消耗定额 项目组成
工艺流程及 产污环节分析	工艺流程及污染物产生环节
污染源源强 分析与核算	污染源分布及污染物源强核算 物料平衡与水平衡 无组织排放源强统计及分析 非正常排放源强统计及分析 污染物排放总量建议指标
清洁生产 水平分析	清洁生产水平分析
环保措施 方案分析	分析环保措施、方案及所选工艺及设备的先进程度和可靠程度 分析与处理工艺有关技术经济参数的合理性 分析环保设施投资构成及其在总投资中占有的比例
总图布置方案与 外环境关系分析	分析厂区与周围的保护目标之间所定防护距离的安全性 根据气象、水文等自然条件分析工厂和车间布置的合理性 分析环境敏感点（保护目标）处置设施的可行性
补充措施与建议	产品结构、生产规模，总图布置、节水措施、废渣利用和处置、 污染物排放方式，环保设施选型等

2. 工程概况

①项目一般特征简介，包括项目名称、建设性质、建设规模、职工人数及作息制度、项目总投资及发展规划等，并附总平面布局图（以下简称总图）。

②物料与能源消耗定额，包括主要原料、辅助原料、助剂、能源（煤、焦、油、气、电和蒸汽等）以及用水等的来源、成分和消耗量。有的项目要求介绍主要原辅材料的理化性质。

③主要技术经济指标，包括生产率、回收率等。除了主产品的总回收率外，还应对综合利用率和总回收率投以足够的关注，特别是矿产资源中各种化学元素或成分的综合利用与回收率，以及其散发分布特征与储存形态和可能潜在的危害。

④设备与设施，包括列出设备名称、规格和型号、数量、用途、设计使用年限、设备水平、生产厂家等。

⑤对于改扩建项目，必须说明现有工程的基本情况，主要包括现有工程的工程组成及规模、产品方案、工艺流程等，并要明确改扩建工程与现有工程之间的依托关系。

3. 工艺流程及产污环节分析

工艺过程应在设计单位或建设单位的可行性研究（以下简称可研）或设计文件基础上，根据工艺过程的描述及同类项目生产的实际情况进行绘制。环境影响评价工艺流程图不同于工程设计工艺流程图，其对工艺过程中产生污染物的具体部位、污染物的种类和数量比较关心。因此，在绘制地域污染工艺流程图时应涉及产生污染物的装置和工艺过程，可以简化那些不产生污染物的过程和装置，有化学反应发生的工序要列出主要的化学反应式和副反应式，并在总图上标出污染源的主要位置。特别是当副反应中可能有潜在危害因子时，需介绍危害因子的性质及危害情况，并高度关注其去向，如各种氯化工艺生产中可能在副反应中产生二噁英类剧毒物质。

环境影响评价工艺流程首先通过分析项目的工艺流程及产物环节，确定污染源分布和污染物类型，并按照排放点标明污染物的排放位置，然后列表逐点统计各种污染物的排放强度、浓度和数量。对于最终排入环境的污染物，不仅要确定其是否达标，而且还必须以项目最大负荷核算其排放是否达标。

4. 污染源源强分析与核算

（1）污染物分布及污染物源强核算

根据建设项目工艺流程的产污环节分析，确定项目的污染源分布及污染物种类，在此基础上，计算各污染源排放的污染物的浓度及排放总量，即污染物源强核算。同时，需要进行物料平衡及水平衡计算，最后根据计算结果提出污染物排放总量建议指标。

评价的基本依据是污染源的分布及污染物的排放类型、排放量，必须根据建设项目的施工建设期、运营期两个阶段详细核算污染物，对于有些对环境影响可能还会延续至服务期满后的建设项目（如涉重金属项目），也需核算其服务期满后的污染源强。其具体途径为依据各生产工艺流程、物料平衡与给排水平衡计算，绘制污染物产生流程图和污染源分布图，即根据工艺过程中的物料反应确定出各工序中的废气、废水、废渣与噪声排放点，以及排放的污染物名称、浓度及排放量。采用列表的形式分析说明各排放源的排污参数，结合污染物产生流程图与污染源平面分布图，分析生产工艺过程中的污染源的位置（指工艺过程中的车间或工段）、排放方式（有组织或无组织）、排放规律（连续或间断）、排放因子以及各因子的出口浓度和绝对量，在污染物产生流程图上可采用不同的代号代替不同的污染物类型，并依据其在工程流程图上的产生顺序依次编号。各种污染物具体分析的参数如下。

废气排放源：凡是采用集中点源排放即排气筒排放的，需在厂区平面图上标明排气筒的位置、高度、出口内径、出口处烟气温度、烟气流量与流速、烟气热释放率、出口处各污染因子的排放浓度，以及采取何种措施进行治理，该措施对各污染物的去除率、治理前后各污染物的浓度变化情况、最终出口浓度（或排放速率）是否满足国家有关废气排放标准等要求；凡是采用面源或无组织排放的（工程分析中将没有通过排气筒或排气筒高度低于 15 m 的排放源为无组织排放源），需标明面源的长、宽、高参数，并按照物料衡算法计算出各污染物的排放量。

废水排放源：需分析各工艺过程或工段中的废水排放，废水性质，排放口处的废水流量、流速、水温、酸碱性及各污染因子的排放浓度等，同时还应说明废水采取了何种污水处理措施，特征污染因子的去除率情况以及处理前后各污染物质的浓度变化、污染物的排放浓度（或排放总量）是否满足国家或地方的废水有关排放标准的要求。

固体废物或废液：需分析固体废物或废液的产生环节、种类、数量或浓度及其化学组成，同时要明确所产生的固体废物或废液是否为危险废物，说明固体废物或废液的排放量、处理或处置方式以及储存运输方式等。

噪声：主要分析工艺过程中的噪声源位置、源强大小、隔声降噪的治理措施和预期效果等。

评价的基础资料是污染源分布、污染物类型和排放量必须按建设过程、运营过程两个时期详细核算和统计。按照项目评价的需要，一些项目还应核算服务期满后影响源强。所以，对于污染源分布应按照已绘制的污染流程图，并按排放点标明污染物排放部位，然后列表逐点统计各种污染物的排放强度、浓度及数量，如表 3-4 所示。

表 3-4　建设项目污染物排放一览表

类别	名称	排放点	设计排放量	设计排放浓度	排放方式	排放去向	执行排放标准	处理后排放量	处理后排放浓度	最终排放去向	备注
废气											

类别	名称	排放点	设计排放量	设计排放浓度	排放方式	排放去向	执行排放标准	处理后排放量	处理后排放浓度	最终排放去向	备注
废水											
固体废弃物											

对于新建项目的污染物源强，必须按照废水和废气污染物分别统计各种污染物的排放总量。依据我国的相关规定，一般可以将固体废弃物分为固体废物和危险废物。新建项目污染物源强应算清以下"两本账"，即生产过程中的污染物产生量和实施污染防治措施后的污染物削减量，二者之差为污染物的最终排放量，如表3-5所示。

表3-5　新建项目污染物排放量统计

类别	污染物名称	产生量	治理削减量	排放量
废气				
废水				
固体废弃物				

对于改扩建工程，需算清"三本账"，即现有工程污染物排放量、改扩建工程污染物排放量（同时核算出污染物的产生量及削减量）、以新带老污染物削减量，比较改扩建后企业总的污染物排放量与现有工程污染物排放量，并分析其增减变化情况。

对于改扩建项目和技术改造项目污染物源，在统计污染物排放量的过程中，应算清新老污染源"三本账"，即技改扩建前污染物排放量、技改扩建项目污染物排放量、完成技改扩建后（包括"以新带老"污染物削减量）污染物排放量，其相互的关系如下。

技改扩建完成后污染物排放量 = 技改扩建前污染物排放量 − "以新带老"污染物
削减量 + 技改扩建项目污染物排放量

（2）物料平衡计算

依据质量守恒定律，投入的原材料和辅助材料的总量等于产出的产品、副产物和污染物的总量。通过物料平衡，可以核算产品和副产品的产量，并能够计算污染物的源强。物料平衡有很多种类，有以全厂物料的总进出为基准的物料衡算，也有针对具体装置或工艺进行的物料平衡，如在合成氨厂中，针对氨进行的物料平衡，称为氨平衡。在环境影响评价中，必须按照不同行业的具体特点，对若干有代表性的物料加以选择，并实现物料平衡。

（3）水平衡计算

水作为工业生产中的原料和载体，水量平衡关系存在于任一用水单元内，也同样可以按照质量守恒定律计算质量平衡，这就是水平衡。工业用水量和排水量关系如图 3-1 所示。

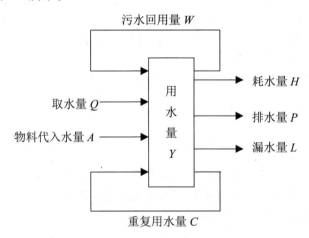

图 3-1 工业用水量和排水量关系图

根据物料平衡计算，可得工业用水量和排水量关系式，如下所示。

$$Q + A = H + P + L$$

（4）污染物排放总量控制建议指标

在核算污染物排放量的基础上，按国家对污染物排放总量控制指标的要求，提出工程污染物排放总量控制建议指标。污染物排放总量控制建议指标应包括国家规定的指标和项目的特征污染物，其单位一般为吨／年（t/a）。提出的工程污染物排放总量控制建议指标必须满足以下要求：满足达标排放的要求；符合其他相关环境保护要求（如特殊控制的区城与河段）；技术上可行。

（5）无组织排放源的统计

无组织排放是指没有排气筒或排气筒高度低于 15 m 的排放源排放，表现

在生产工艺过程中包括具有弥散型的污染物的无组织排放以及设备、管道和管件的跑冒滴漏在空气中的蒸发、逸散引起的无组织排放。无组织排放量确定方法主要有以下三种。

物料衡算法：通过全厂物料的投入产出分析，核算无组织排放量。

类比法：与工艺相同、使用原料相似的同类工厂进行类比，在此基础上，核算本厂无组织排放量。

反推法：通过对同类工厂正常生产时无组织监控点进行现场监测，利用面源扩散模式反推，以此确定工厂无组织排放量。

（6）非正常排污的源强统计与分析

正常开、停车或部分设备检修时排放的污染物属非正常排放；其他非正常工况排污是指工艺设备或环保设施达不到设计规定指标的超额排污。

事故排污的源强统计应计算事故状态下的污染物最大排放量，以此作为风险预测的源强。事故排污分析应说明在管理范围内可能产生的事故种类和频率，并提出防范措施和处理方法。

当工艺设备或环保设施达不到设计规定指标时的超额排污，代表了其长期运行时的排污水平，在风险评价中应以此作为源强。异常排污分析都应重点说明异常情况的原因和处置方法。

项目的非工艺过程一般也会对环境产生影响，若原辅材料及能源的装卸、储存、交通运输、预处理等过程有污染物的排放，也应予以核算。例如，拟建项目的施工和运营可能会显著影响当地及附近道路的交通运输，包括运输量增加引起的车辆拥堵或新开辟线路对生态环境或社会环境的影响，同时运输过程中还可能存在物料的散落、扬尘、尾气、噪声等不可忽视的环境影响，因此应予以分析，明确运输过程中对环境影响明显的污染物类型及排放量。

事故和异常排污通常是非正常工况下排放的污染物，包括设备故障时检修的排污以及工艺设备或环保设施达不到规定的设计指标运行时的排污，其发生具有不确定性。所以，在核算源强的过程中，不仅要核算污染物的排放量，而且还要确定与其对应的发生概率。

5.环境保护措施方案分析

一般可以将环境保护措施方案分析分为两个层次。

首先，对项目可研报告等文件提供的污染防治措施进行技术先进性、经济合理性及运行的可靠性进行评价，如果所提措施无法满足环境保护的要求，那么就需要提出可行的改进建议，包括替代方案，其分析要点如下。

　　分析建设项目可研阶段环境保护措施方案的技术、经济可行性，按照建设项目生产的污染物特点，充分调查同类企业的现有环境保护处理方案的技术、经济运行指标，分析建设项目可研阶段所采用的环境保护设施的技术可行性、经济合理性及运行可靠性，在此基础上提出进一步改进的意见，包括替代方案。

　　分析项目采用的污染处理工艺和排放污染物达标的可靠性，按照现有同类环境保护设施的运行、技术、经济指标，结合建设项目排放污染物的基本特点和所采用污染防治措施的合理性，分析建设项目环境保护设施运行参数是否合理，有无承受冲击负荷能力，确保污染物排放达标的可靠性，并提出改进建议。

　　分析环境保护设施投资构成及其在总投资中占有的比例，汇总建设项目环境保护设备的各项投资，分析其投资结构，并计算环境保护投资在总投资中所占的比例。

　　其次，依托设施的可行性分析。对于改扩建项目、原油工程的环境保护设施有相当一部分是可以利用的，如现有污水处理厂、固废填埋厂、焚烧炉等。原有环境保护设施是否能满足改扩建后的要求，需要认真核实、分析依托的可靠性。随着经济的发展，依托公用环境保护设施已经成为区域环境污染防治的重要组成部分。对于项目生产废水，经过简单处理后排入区域或城市污水处理厂进行进一步处理或排放的项目，除了对水处理厂的工艺合理性进行分析，还要分析其处理工艺是否与项目排水的水质相容；对于可以进一步利用的废气，要结合所在区域的社会经济特点，分析其集中、收集、净化、利用的可行性；对于固体废物，则要根据项目所在地的环境、社会经济特点，分析其综合利用的可能性；对于危险废物，则要分析其能否得到妥善的处置。

　　6.总图布置方案分析

　　工程分析中厂区内总图布置方案分析主要是从环境保护的角度分析厂区内的各构筑物的方位等布置是否合理，并给出进一步的优化方案，主要有以下三点。

　　①确定厂区与周围环境敏感点间防护距离的安全性。参照国家有关环境、安全和卫生防护距离的有关标准和规定，分析厂区各污染源或构筑物与周围的环境保护目标（通常指居民敏感点）之间的距离能否满足防护距离的要求。当不能满足要求时，首先应考虑能否通过调整厂区内各功能单元或排放源的布局来达到防护距离的要求，若通过调整布局还不能满足防护距离的要求时，应考虑采取改变拟建地址、搬迁保护目标等措施来实现防护距离的要求。

　　②从环保角度分析厂区内各构筑物的摆放位置的合理性。在充分调研项目

拟建地的气象、水文和地质等资料的前提下，结合污染因子的污染特征，分析厂区内的生产构筑物与生活设施或环境保护目标之间的方位关系是否合理。在满足厂界环境控制要求的前提下，应以将排放的污染物对厂区内的职工和周围敏感点的影响降至最低为原则来设置厂区内生产车间、仓储设施、辅助设施，进而优化总图，如可将生产构筑物（污染物排放源）置于生活设施或周围环境保护目标的全年的最大风频的下风向。

③分析对周围环境保护目标的保护措施的可行性。结合污染物的传播、稀释和扩散规律等污染特征，确定拟建项目对周围环境保护目标的影响状况，据此分析对周围环境保护目标所采取的防护措施的可行性，并进一步提出切实可行的保护措施。

六、生态类项目工程分析

1. 工程分析的内容

对于一个给定的建设项目，在确定其属于非污染的生态影响型建设项目的基础上，有针对性地分析该建设项目的建设对局域生态环境所产生的影响。无论该生态影响型建设项目属于哪一类，在进行工程分析时，一般都需要对以下几个方面的内容加以考虑。

（1）工程概况

工程概况包括建设项目名称、建设地点、建设规模等。给出项目的主体工程、辅助工程、储运工程、环保工程和公用工程等，明确项目的规划设计和施工方案，列举对生态有较大影响的大型临时工程，如临时弃土场、临时堆料场和临时道路等。

（2）初步论证

初步论证主要从宏观上进行项目可行性论证，必要时提出替代或调整方案。初步论证主要包括以下三个方面的内容。

①建设项目和法律法规、产业政策、环境政策、相关规划的符合性。

②建设项目选址选线、施工布置和总图布置的合理性。

③清洁生产和区域循环经济的可行性，提出替代或调整方案。

（3）影响源识别

对于生态影响型建设项目，重点分析可能造成生态影响的工程活动，尽量采用定量数据分析该生态影响的强度、范围和特征。建设项目对生态的影响因素大体有：占用土地（包括临时性占用土地和永久性占用土地）、植被破坏（特别是对生态敏感的植被或濒临灭绝的物种的破坏）、动物影响（对动物的迁徙、繁殖栖息和觅食等生命活动的影响）、水土流失、工程爆破（对植物、动物和水土流失的影响）等。

当然，生态影响型建设项目同样也存在环境污染因素，如建设期的施工人员生活污水、施工废水、运输交通扬尘、施工粉尘、施工噪声等。因此，生态影响型建设项目也应和污染型项目一样，要对污染物排放源源强、污染物排放量、污染物性质、排放方式等进行分析，只不过侧重点有所不同。

（4）环境影响识别

建设项目环境影响识别一般从社会影响、生态影响和环境污染三个方面加以考虑，在结合项目自身环境影响特点、区域环境特点和具体环境敏感目标的基础上进行识别。

应结合建设项目所在区域发展规划、环境保护规划、环境功能区划、生态功能区划、生态保护红线及环境现状，分析可能受建设行为影响的环境影响因素。生态影响型建设项目的生态影响识别，不仅要识别工程行为造成的直接生态影响，而且要注意污染影响造成的间接生态影响，甚至要求识别工程行为和污染影响在时间或空间上的累积效应（累积影响），明确各类影响的性质（有利/不利）和属性（可逆/不可逆、临时/长期等）。

（5）环境保护方案分析

生态影响型建设项目的工程分析应从经济、技术、管理和可实施性等方面来分析先期既定的生态保护措施的有效性或合理性，包括拟建项目建设期的水土保持方案、生态敏感区的保护措施以及营运期的植被保护措施等。对于不能满足生态保护需要的措施要给出进一步的改进建议或替代方案。

初步论证是从宏观上论证项目的可行性，环境保护方案分析要求从经济、环境、技术和管理方面来论证环境保护措施和设施的可行性，必须满足达标排放、总量控制、环境规划和环境管理要求，技术先进且与社会经济发展水平相适宜，确保环境保护目标的可达性。环境保护方案分析至少应有以下五个方面内容。

①施工和运营方案合理性分析。

②工艺和设施的先进性和可靠性分析。

③环境保护措施的有效性分析。

④环保设施处理效率合理性和可靠性分析。

⑤环境保护投资估算及合理性分析。

经过环境保护方案分析，对于不合理的环境保护措施应提出比选方案，进

行比选分析后提出推荐方案或替代方案。对于改扩建工程，应明确"以新带老"环保措施。

其他分析主要包括非正常工况类型及源强、事故风险识别和源项分析以及防范与应急措施说明。

2. 生态影响型工程分析技术要点

（1）工程组成完全

在分析中要考虑所有的工程活动，如主体工程、公用工程、大型临时工程、储运工程等，一般应有完善的项目组成表。以三峡大坝工程建设为例，为了建设的需要，首先需要从库区外运进大量的物资，而库区建设前没有这样一条用于运输的公路，因此，在三峡大坝正式施工前，工程指挥部决定建设一系列的辅助工程和配套工程。这些辅助工程和配套工程有以下几个方面。

①对外交通。水电工程的对外交通公路大多数需要新建或改扩建，有的长达数万米，需要了解其走向、占地类型与面积，计算土石方量，了解修筑方式。有的大型项目，对外交通需要单列项目进行环境影响评价，则按公路建设项目进行环境影响评价。

②施工道路。连接施工场地、营地，运送各种物料和土石方，都有施工道路问题。施工道路在大多数设计文件中是不具体的，经常需要在环境影响评价中做深入的调查分析。对于已设计施工道路的工程，具体说明其布线、修筑方法，主要关心是否影响到敏感保护目标，是否注意了植被保护或水土流失防治，其弃土是否进入河道等。对于尚未设计施工的道路或仅有一般设想的工程，则需明确选线原则，提出合理的修建原则与建议，尤其须给出禁止线路占用的土地或区域。

③料场。料场包括土料场、石料场、沙石料场等施工建设的料场。须明确各种料场的点位、规模、采料作业时间及方法，尤其须明确有无爆破等特殊施工方法。料场还有运输方式和运输道路等问题，如带式输送机运输、汽车运输等，根据运输量和运输方式，可估算出车流密度等数据。这也就是环境影响源的"源强"（噪声源强、干扰源强或阻隔效应源强等）。

④工业场地。工业场地包括工业场地布设、占地面积、主要作业内容等。一般应给出工业场地布置图，说明各项作业的具体安排，使用的主要加工设备（如碎石设备、混凝土搅拌设备、沥青搅拌设备）采取的环境保护措施等。一个项目可能有若干个工业场地，需一一说明。工业场地布置在不同的位置和占用不同的土地，它的环境影响是不同的，所以在选址合理性论证中，工业场地

的选址是重要的论证内容之一。

⑤施工营地。集中或单独建设的施工营地，无论大小都需纳入工程分析中。与生活营地配套建设的供热、采暖、供水、供电、炊事、环卫设施，都需要进行一一说明。施工营地占地类型、占地面积和事后进行恢复设计是分析的重点。这其中，都有环境合理性分析的问题。

⑥弃土弃渣场。弃土弃渣场包括设置点位、每个场的弃土弃渣量、弃土弃渣方式、占地类型与数量、事后复垦或进行生态恢复的计划等。弃土弃渣场的合理选址是环境影响评价的重要论证内容之一，在工程分析中应说明弃渣场坡度、径流汇集情况等，以及拟采取的安全设计措施和防止水土流失措施等。对于选矿和采矿工程，其弃渣（尤其是尾矿库）是专门的设计内容，是在一系列工程地质、水文地质工作基础上进行选择的，其在环境影响评价中也应作为专题进行工程分析与影响评价。

（2）重点工程明确

应将那些造成环境影响的工程作为重点工程分析对象，并明确其名称、位置、规模、施工方案等。一般还应以所涉及的环境为分析对象，因为在不同的环境中进行相同的工程，其也会产生不同的影响作用。对于道路交通工程而言，其重点工程包括以下几个方面。

①隧道施工工程，应明确其点位、长度、单洞或双洞、土石方量、施工方式（有无施工平硐、出渣口及相应的施工道路等）、隧道弃渣利用方式与利用量、隧道弃渣点、弃渣方式、弃渣场生态恢复措施等。

②大桥、特大桥建设工程，应明确其桥位（或河流名称）、长度、跨度（特别需明确有无水中桥墩）、桥型、施工方式（有无单设的作业场地或施工营地）、施工作业期、材料来源、拟采用的环境保护措施等。

③高填方路段施工工程，应明确其分布线位，高填方路段长度与填筑高度、占地类型与面积、土方来源或取土场设置、通道或涵洞设置、设计的边坡稳定措施等。高填方路段是环境影响评价中需要论证环境可行性和合理性的工程，有时需要给出替代方案。节约占地也主要从这样的地段考虑，如湿地保护、基本农田保护等也常发生于这样的路段。

④深挖方路段施工工程，应明确其分布线位、深挖方路段长度、最大挖深、岩性或地层概况、挖方量、弃方的利用（土石方平衡）、弃土场设置（点位、弃土量、占地类型与面积、边坡稳定方案、设计的水土保持措施和生态恢复措施）等。深挖方路段也是需进行环境合理性分析的工程，其可能的环境问题有水文隔断、生物阻隔（沟堑式阻隔）、景观美学影响、边坡水土流失及弃渣占

地等，有时还有挖方导致的地质不稳定性问题，如滑坡、塌方等。因此，深挖方路段的工程分析也是必要的。

⑤互通立交桥建设，应明确其桥位、桥型、占地类型与面积、土地权属、土石方量及来源、主要连接通道等。立交桥占地面积大，经常设计在平整土地或坪坝之内，可能占据大量良田，因而是土地利用合理性分析的重点工程，必要时需寻求替代方案。互通立交桥常有诱导地区城市化的倾向，因而不宜设立在某些环境敏感区边缘。

⑥服务区建设工程，应明确其服务区位置、占地类型与面积、服务设施或功能设计、绿化方案等。在环境影响评价中，服务区的排污问题是主要评价内容，因而对服务区的设施应有明确分析。

⑦取土场开挖工程，应明确其位置、取土场面积（占地面积）、占地类型、取土方式、取土场复垦计划等。大多数建设项目在可研阶段尚不明确取土场的设置，环境影响评价中可建议取土场设置原则，尤其需指出不宜设置取土场的地区（点）或禁止设置取土场的保护目标，并对合理设置和使用取土场、事后进行恢复的方向等提出建议。

⑧弃土场场地建设工程，应明确其隧道或深挖方路段会产生弃土场，山区修路尤其是路基设计在坡面上时会有大量弃土产生。弃土方式需明确，必须禁止随挖随弃的施工方式。

重点工程是在全面了解工程组成的基础上确定的。确定重点工程的方法有以下几种：一是研读设计文件并结合环境现场踏勘确定；二是通过类比调查并核查设计文件确定；三是通过投资分项进行了解（列入投资核算中的所有内容）；四是从环境敏感性调查入手再反推工程，类似于影响识别的方法。特别需要注意设计文件以外的工程，如水利工程的复建道路（淹没原路而修补的山区公路）、公路修建时的保通工程（草原上无保通工程会造成重大破坏）、矿区的生活设施建设等。

（3）全过程分析

生态环境影响是一个过程，不同的时期需要解决不同的问题，所以必须进行全过程分析。一般可以将全过程分为选址选线期、设计方案期、建设期、运营期和运营后期。

选址选线期在环境影响评价时一般已经完成，其工程分析内容体现在已给出的建设项目内容中。

设计方案期与环境影响评价基本同时进行，环境影响评价工程分析中需与设计方案编制形成一个互动的过程，不断互相反馈信息，尤其要将环境影响评价发现的设计方案环境影响问题及时提出，还可提出建议修改的内容，使设计工作及时纳入环境影响评价内容，同时需及时了解设计方案的进展与变化，并针对变化的方案进行环境合理性分析。当评价中发现选址选线在部分区域、路段或全线有重大环境不合理情况时，应提出合理的环境替代方案，对选址选线进行部分或全线调整。

建设期的施工方案一般根据规范进行设计，而规范解决的是共性问题，所以施工方案的介绍应特别关注一些特殊性问题，如可能影响环境敏感区的施工区段施工方案分析，同时，也须注意一些非规范性的分析，如施工道路的设计分析、施工营地的设置分析等。施工方案在不同的地区应有不同的要求，如在草原地带施工，机动车辆通行道路的规范化就是最重要的。

运营期的运营方式需要地说明，如水电站的调峰运行情况、矿业的采掘情况等。此种分析除重视主要问题（或主要工程活动）的分析说明外，还需关注特殊性问题，尤其是不同环境条件下特别敏感的工程活动内容。

运营后期的设备退役、矿山闭矿、渣场封闭等的工程分析，虽然可能很粗略，但对于落实环境责任是十分重要的。如果设计中缺失这部分内容，则应补充完善，应提出对未来的（后期的）污染控制、生态恢复，以及环境监测与管理方案的建议。这部分工作也可放在环境保护措施中。如果设计中已经有这部分内容，则分析其是否全面、充分。

值得注意的是，工程分析与后续的环境影响识别及其后的现状调查与评价、环境影响预测与评价是一个互相联系和互动的过程，因为工程分析虽然着眼于工程，但分析重点的确定是和工程所处的环境密切相关的。处于环境敏感区或其附近的工程必须是分析的重点，调查中发现有重要环境影响的工程内容也是工程分析的重点。环境影响评价是一个不断评价、不断决策的过程，是一个多次反馈、不断优化的过程。所以既不能混谈工程分析与其他环境影响评价程序，也不能割裂工程分析与其他环境影响评价程序的关系，评价中需理清概念，把握各自的重点，并需特别注意其过程性特点。

（4）污染源分析

污染源分析用来明确主要污染源、污染类型、源强、排放方式和纳污环境等。污染源可能在施工建设阶段发生，也可能在运营期发生。污染源的控制要求密切关系着纳污的环境功能，所以必须与纳污环境相联系进行分析。大多数生态影响型建设项目的污染源强较小，影响也较小，评价等级一般是三级，因此，可以利用类比资料，并以充足的污染防治措施为主。污染源分析一般包括以下几项内容。

①锅炉烟气排放量计算及拟采取的除尘降噪措施和效果说明须明确燃料类型、消耗量。燃煤锅炉一般取 SO_2 和烟尘作为污染控制因子。

②车辆扬尘量，一般采用类比方法计算。

③生活污水排放量，按人均用水量乘以用水人数（如施工人数）的 80% 计算。生活污水的污染因子一般取化学需氧量（COD）、氨氮、生物需氧量（BOD）。

④工业场地废水排放量，应根据不同设备逐一核算并加和。其污染因子视情况而定，沙石料清洗可取储水系数（SS），机修等可取 COD 等。

⑤固体废物，应根据设计文件给出量进行计算或核实。

⑥生活垃圾，应根据人均垃圾产生量与人数的乘积进行计算或核实。

⑦土石方平衡，应根据设计文件给出量计算或核实。

⑧矿井废水量，应根据设计文件给出量计算，必要时进行重新核实。

3. 几种典型的生态影响型项目工程分析的技术要点

（1）水电建设项目工程分析

以水力发电为目的的水电工程项目，包括主体工程（如库坝、发电厂房）、配套工程（如引水涵洞）、辅助工程（如对外交通、施工道路网络、各种作业场地、取土场、采石场、弃土弃渣场等）、公用工程（如生活区、水电供应设施、通信设施等）、环境保护工程（如生活污水和工业废水控制设施、绿化工程等）。评价时应该把所有工程组成纳入分析中，并进行全过程分析，主要是施工期和运营期工程分析。

①施工期直接影响。

A. 大批施工队伍进入现场，进行生活污水和垃圾污染的排放。

B. 施工机械运作、清洗、漏油等排放的含油和悬浮物废水。

C. 基坑开挖和降低地下水位等操作排放含泥沙废水。

D. 清理施工场地和开辟施工机械通行道路往往会给地面植被造成大片破坏。

②运营期环境影响。运营期环境影响主要是对生态用水的影响，包括：水库内的水质发生季节性变化；蒸发量加大，减少下游河水流量；妨碍洄游性鱼类的生长、繁殖；促进水库内水草和浮水植物的生长等。

③功能协调影响。许多水电工程签订了多种功能，有些可以兼顾，有些则相互矛盾，如供水与养殖、旅游、水上娱乐等功能矛盾突出，需要协调。

④间接影响。因修建水库水坝而淹没的公路、铁路、输电、通信设施需要

复建，道路"上山"会造成很多问题，尤其是植被破坏、水土流失等不比施工期少。同时，公路的开通引起的大量外地人群的涌入，可能形成新的城镇，会改变区域生态结构。这就是间接影响，但影响长久而深刻。

（2）水利建设项目工程分析

水利建设项目多种多样，如水利枢纽项目、灌溉项目、跨流域调水项目等，各种项目所需要进行的工程分析重点内容不同，同一类项目建在不同地区时分析的重点也有差异。进行工程分析时，都须明确工程组成、规模、空间分布、施工方式和营运方式等。库坝型水利建设项目工程分析的要点与水电项目类似，但影响方式可能不同，其环境影响特点如下。

①水利工程的影响是流域性或区域性的。

②调水工程的影响既涉及调出区域，又涉及调入区域。

③施工期和运营期的环境影响，主要是直接影响，这些都是分析的重点，并与工程活动方式密切相关。

④水质保护和污染控制是水利工程的关键问题，往往关系到项目的成败。

⑤生态用水既是新观念也是老问题，对于干旱缺水地区，确保生态用水是维持可持续发展的重要因素，第一是确保生活用水，第二是确保生态用水，第三是确保生产用水。

⑥因土石方工程导致的植被破坏、水土流失，因淹没占地导致的农业生态和自然生态损失，因取土场、弃土场、采石场导致的相关问题，以及施工道路、施工作业场所施工营地等非主体工程都要纳入分析中。

（3）公路建设项目工程分析

公路分为高速公路、一级公路、二级公路、三级公路等。高级公路的工程分析要点如下。

①明确工程组成及主要技术标准，包括主体工程（如路基、桥涵、隧道、立交桥、路面铺设等）、配套工程（如服务区、收费站、绿化工程等）、轴助工程（如取土场、弃土场、菜市场、施工通道、加工作业场所等）、公用工程（如施工营地、供水、供电、供热、供油、汽修等）。

②按工程全过程分析工程活动内容与方式，包括勘探、选点选线、设计、施工、试营运与竣工验收、营运等不同时期，其中最重要的是施工期（如路基形成、桥涵建设、隧道贯通、路面铺设和配套工程等）和运营期（主要是噪声，其次是尾气）工程分析。

③明确发生主要环境影响的工程内容和点位位置，注意点段结合。这样的点段有大桥、特大桥、长隧道、立交桥、高路段和深挖段、"三场"（取土场、

弃渣场、沙石场、服务区（如设置位置、占地类型、面积、营运规模及污染物产生量等）、穿越环境敏感区段（如自然保护区、风景名胜区、水源区和重要生态功能区等）。

（4）农业和畜牧业建设项目工程分析

农业和畜牧业建设项目主要影响是由土地利用方式的改变或土地过度利用造成的。其主要影响如下：农业过量使用化肥和农药、污水灌溉等造成对地表水体的非点源污染；禽畜饲养业开发产生大量粪便废水污染地表水体；过度的放牧引起草地退化、土壤侵蚀、影响水质、造成土地荒漠化等。

（5）矿业工程分析

矿业对自然资源的开采和初加工，对水生生态系统和水质、水量均有影响：水力开采作业（如淘金）会改变河床结构，尾矿的排放会造成矿渣淤积和水土流失、水质恶化，也会使水生生物生活环境剧烈改变，导致水生生物种群量下降乃至灭绝；尾矿堆积和河流污染会造成土壤污染、侵蚀并使农作物、牲畜受害。

第四章　环境现状调查与评价要点

环境现状调查与评价的目的在于掌握和了解某一区域的环境现状，并能发现和识别主要的环境问题，从而能够确定主要的污染源和污染物，并能更好地制订和实施环境规划与管理。本章分为环境现状调查与评价基本内容、环境监测质量现状与对策、环境质量现状监测要求三部分，主要包括水环境现状调查与评价、环境监测质量管理现状和对策、生态环境监测等内容。

第一节　环境现状调查与评价基本内容

一、水环境现状调查与评价

水环境现状调查与评价是为了掌握评价范围内水体污染源、水文、水质和水体功能利用等方面的环境背景情况，从而为地表水环境现状和建设项目对水环境的影响预测评价提供基础资料。根据评价目的与评价对象的不同，水环境现状调查分为地表水环境现状调查和地下水环境现状调查两部分。

1. 地表水环境现状调查

（1）地表水环境现状调查方法和范围

①地表水环境现状调查方法。地表水环境现状调查包括资料收集、现场调查，以及必要的水环境质量监测。调查方法有收集资料法、现场实测法和遥感遥测法。

②地表水环境现状调查范围。地表水环境现状的调查范围应包括建设项目对周围地面水环境影响较显著的区域。通过调查此区域，可以全面说明与地表水环境相联系的环境基本状况，并能充分满足环境影响预测的要求。

某项工程的地表水环境现状调查范围如表4-1、4-2、4-3所示，应按照将来污染物排放后可能的达标范围，并考虑评价等级的高低后决定。

表 4-1   不同污水排放量时河流环境现状调查范围

污水排放量 /（m³/d）	调查范围 /km		
	大河	中河	小河
＞50 000	15～30	20～40	30～50
50 000～20 000	10～20	15～30	25～40
20 000～10 000	5～10	10～20	15～30
10 000～5 000	2～5	5～10	10～25
＜5 000	＜3	＜5	5～15

表 4-2   不同污水排放量时湖泊（水库）环境现状调查范围

污水排放量 /（m³/d）	调查范围	
	调查半径 /km	调查面积（按半径计算）/km²
＞50 000	4～7	25～80
50 000～20 000	2.5～4	10～25
20 000～10 000	1.5～2.5	3.5～10
10 000～5 000	1～1.5	2～3.5
＜5 000	≤1	≤2

注：调查面积是指以排污口为圆心，以调查半径为半径的半圆形面积

表 4-3   不同污水排放量时海湾环境现状调查范围

污水排放量 /（m³/d）	调查范围	
	调查半径 /km	调查面积（按半圆计算）/km²
＞50 000	5～8	40～100
50 000～20 000	3～5	15～40
20 000～10 000	1.5～3	3.5～15
＜5 000	≤1.5	≤3.5

注：调查面积是指以排污口为圆心，以调查半径为半径的半圆形面积

（2）各类水域在不同评价等级时水质现状调查时间

按照当地的水文资料初步确定河流、河口、湖泊、水库的丰水期、平水期、枯水期，确定最能代表这三个时期的季节和月份。对于海湾，应确定评价期限间的大潮期和小潮期。评价等级不同，对各类水域调查时期的要求也不同，如表 4-4 所示列出了不同评价等级时各类水域的水质调查时期。

表 4-4 各类水域在不同评价等级时水质的调查时期

水域	一级	二级	三级
河流	一般应对一个水文年的丰水期、平水期和枯水期进行调查；若评价时间不够，至少应对平水期和枯水期进行调查	条件许可，可调查一个水文年的丰水期、平水期和枯水期；一般可只对枯水期和平水期进行调查；若评价时间不够，可只调查枯水期	一般可只调查枯水期限
河口	一般应对一个水文年的丰水期、平水期和枯水期进行调查；若评价时间不够，至少应对平水期和枯水期进行调查	一般应对平水期和枯水期进行调查；若评价时间不够，可只对枯水期进行调查	一般可只调查枯水期限
湖泊（水库）	一般应对一个水文年的丰水期、平水期和枯水期进行调查；若评价时间不够，至少应对平水期和枯水期进行调查	一般应对平水期和枯水期进行调查；若评价时间不够，可只对枯水期进行调查	一般可只调查枯水期限
海湾	一般应调查评价工作期间的大潮期和小潮期	一般应调查评价工作期间的大潮期和小潮期	一般应调查评价工作期间的大潮期和小潮期

当调查区域面源污染严重，丰水期的水质比枯水期差时，一、二级评价的各类水域应对丰水期进行调查，在时间允许的情况下，三级评价也应对丰水期进行调查。

若水域的冰封期较长，且作为生活饮用水、食品加工用水的水源时，应对冰封期的水质、水文情况进行调查。

（3）水文调查与水文测量内容

①水文调查与水文测量的原则。

第一，应尽量通过水文测量和水质监测等部门收集现有资料，当缺少上述资料时，应进行一定的水文调查与水质调查，以及同步的水质和水文测量。

第二，一般来讲，应该在枯水期进行水文调查与水文测量，必要时，还可以补充其他时期（丰水期、平水期、冰封期等）的水文调查和水文测量。

第三，水文测量的内容与拟采用的环境影响预测方法密切相关。在采用数学模式时应根据所选取的预测模式及应输入的参数的需要决定其内容。在采用物理模型时，水文测量主要应取足够的制作模型及模型试验所需的水文要素。

第四，与水质调查同时进行水文测量，原则上只在一个时期内进行。它与水质调查（表 4-4）一样，不要求测量次数完全相同，在可以准确获取所需水文要素及环境水力学参数的前提下，水文测量的次数和天数要尽可能精简。

②河流水文调查与水文测量的内容。应该按照评价等级和河流规模决定河流水文调查与水文测量的内容，其中主要包括丰水期、平水期、枯水期的划分，河流平直及弯曲情况（弯曲系数＝断面间河段长度／断面间直线距离，当弯曲系数＞1.3时，可视为弯曲河流，否则，可简化为矩形平直河流）、横断面、水深、河宽、流速及其分布、水温及泥沙含量等，丰水期有无分流漫滩，枯水期有无浅滩、沙洲和断流。北方河流还应该了解结冰、封冰、解冻等现象。河网地区应该调查各河段流向、流速、流量关系，并能了解流向、流速、流量的变化特点。

③感潮河段的水文调查与水文测量的内容。感潮河段的水文调查与水文测量的内容应根据评价等级和河流的规模决定，其中除与河流相同的内容外，还有感潮河段的范围，涨潮、落潮及平潮时的水位、水深、流向、流速及其分布、横断面形状、水面坡度以及潮间隙潮差和历时等。

④湖泊、水库水文调查与水文测量的内容。湖泊、水库水文调查与水文测量的内容应根据评价等级、湖泊和水库的规模决定，其中主要有湖泊水库的面积和形状（附平面图），丰水期、平水期和枯水期的划分，流入、流出的水量，停留时间，水量的调度和储量，湖泊、水库的水深，水温分层情况及水流状况（湖流的流向和流速，环流的流向、流速及稳定时间）等。

⑤海湾水文调查与水文测量的内容。海湾水文调查与水文测量的内容应按照评价等级及海湾的特点选择下列全部或部分内容：海岸形状，海底地形，潮位及水深变化，潮流状况（小潮和大潮循环期间的水流变化、平行于海岸线流动的落潮和涨潮），流入的河水流量、盐度和温度造成的分层情况，水温、波浪的情况以及内海水与外海水的交换周期等。

⑥降雨调查。降雨调查需要预测建设项目的面源污染时，应调查历年的降雨资料，并根据预测的需要进行统计分析。

2. 现有水污染源调查

污染源调查以收集现有资料为主，只有在十分必要时才补充现场调查或测试。例如，在评价改扩建项目时，对此项目改扩建前的污染源应详细了解，常需现场调查或测试。而对非点源（面源）的调查，基本上采用间接收集资料的方法，一般不进行实测。在调查范围内应该调查地表水环境产生影响的主要污染源。污染源包括点源和面源两类。

（1）点源调查内容

按照评价工作的需要，应该调查下述全部或部分内容。

①点源排放。调查排放口的平面位置及排放方向；调查排放口在断面上的

位置；调查排放形式是分散排放还是集中排放。

②排放数据。按照现有的实测数据、统计报表等选定的主要水质参数，并对现有的排放量、排放速度、排放浓度及其变化等数据进行调查。

③用排水状况。用排水状况主要是调查取水量、用水量、循环水量及排水总量等。

（2）面源的调查内容

按照评价工作的需要，调查下述全部或部分内容。

①概况。对于工业类非点源污染源，应该调查使用的原辅材料（如原料、燃料）、废物的堆放位置、堆放面积、堆放形式等。

②污染物排放数据。按照现有实测数据、统计报表以及引起非点源污染的原料、燃料、废物的物理、化学、生物化学性质选定调查的主要水质参数，调查有关排放季节、排放时期、排放浓度等数据。

③城市面源。应该调查地表雨水径流特点，初期雨水径流的污染物种类及数量等。

④农业面源。应该调查有机肥流失规律和其在不同季节的流失量等。

（3）污染源资料的整理与分析

检查、整理和分析收集到的和实测的污染源资料，发现资料中的缺漏部分应尽量填补。将这些资料按污染源排入地面水的顺序及水质参数的种类列成表格，并从中找出受纳水体的主要污染源和主要污染物。

3. 水质调查取样断面和取样点的设置

水质调查取样断面和取样点的设置，一般需要考虑受纳水体的类型。对于河流、湖泊和海湾等类型，其水质调查取样断面和取样点的设置可能不同，因此，实际工作时应视情况而定。

（1）河流水质取样断面的布设

一般来讲，需要在水文调查范围的两端，调查范围内重点保护对象附近水域设置取样断面。水文特征突然变化处、水文站附近等也应对取样断面进行布设，并适当考虑其他需要预测水质的地点。一般来讲，需要在拟建成排污口上游 500 m 处设置一个取样断面。

取样断面通常有四种：背景断面、对照断面、消减断面和控制断面。其中，对照断面应设在评价河段上游一端基本不受建设项目排水影响的位置，一般在拟建成排污口上游 500 m 处应设置一个取样断面，用于掌握评价河段的背景水质情况；消减断面应设在排污口下游污染物浓度变化不显著的完全混合段，以了解河流中污染物的稀释、净化和衰减情况；控制断面应设在评价河段的末端或评价河段内有控制意义的位置，如支流汇入、建设项目以外的其他污水排放口、工农业用水取水点、地球化学异常的水土流失区、水工构筑物和水文站所在位置等。

消减断面和控制断面的数量应根据评价等级和污染物的迁移、转化规律和河流流量、水力特征和河流的环境条件等情况确定。

（2）河流取样断面上取样点的布设

①确定取样垂线。当河流面形状为矩形或接近于矩形时确定取样垂线的方法如下。

对于小河：可以在取样断面的主流线上设一条取样垂线。对于大、中河：当河宽小于50 m时，在取样断面上各距岸边三分之一水面宽处设一条取样垂线，即共设两条取样垂线；当河宽大于50 m时，在取样断面的主流线上及距两岸不少于0.5 m，并且水流明显的地方，各设一条取样垂线，即共设三条取样垂线。

对于特大河（如长江、黄河、淮河等）：由于河流过宽，应该适当增加取样断面上的取样垂线数，而且主流线两侧不必设置相等的垂线数目，拟设置排污口一侧可以多一些。

如果河流断面的形状不规则，应与主流线的位置相结合，并适当调整取样垂线位置和取样数目。

②确定垂线上取样水深。在一条垂线上：当水深大于5 m时，在水面以下0.5 m水深处，以及在距河底0.5 m处，各取一个水样；当水深为1～5 m时，只在水面下0.5 m处取一个水样；在水深不足1 m时，在距水面不应小于0.3 m处，距河底也不应小于0.3 m处取一个水样。对于三级评价的小河，不论河水深浅，只在一条垂线上一个点取一个水样，一般应该在水面下0.5 m处设置取样点，但其距河底不应小于0.3 m。

（3）感潮河流水质取样断面的布设

河口取样断面的布设，应当在考虑排污口拟设的具体位置后确定。当排污口拟建于河口感潮段内时，其上游需要对取样断面的数目与位置加以设置，应按照感潮段的实际情况决定，其下游断面与河流有着同样的布设。取样断面上取样点的布设问题，与河流部分的取样要求相同。

感潮河流的对照断面一般应设置在潮流界以外，如果感潮河段的上溯距离很长，远超过建设项目的影响范围时，其对照断面也可设在潮流界内，如将其设在河流上游且距排污口500 m处。感潮河流具有往复流的特点，污水在排污口摆动回荡，水质很不稳定，并容易出现咸水与淡水面的分层现象。因此，应根据其水文特点和环境影响评价的实际需要，沿河流纵向分布设适量的采样断面。

设有防潮闸的河口应在闸内外各设一个采样点，这种受人工控制的河口，在排洪时可视为河流，但在蓄水时又可视为水库。因此，对其采样位置可参考河流、水库有关规定来确定。

（4）湖泊水质取样断面的布设

在湖泊、水库中布设的取样位置应尽可能对整个调查范围加以覆盖，并且能切实反映湖泊、水库的水质和水文特点（如进水区、出水区、深水区、浅水区、岸边区等）。取样位置可以采用以建设项目的排放口为中心，沿放射线布设的方法。取样位置设置的数目根据建设项目污水排放量和水环境影响评价工作等级来确定。

①大、中型湖泊，水库。当建设项目污水排放量小于 50 000 m^3/d 时：对于一级评价，每 1～2.5 km^2 布设一个取样位置；对于二级评价，每 1.5～3.5 km^2 布设一个取样位置；对于三级评价，每 2～4 km^2 布设一个取样位置。当建设项目污水排放量大于 50 000 m^3/d 时：对于一级评价，每 3～6 km^2 布设一个取样位置；对于二级和三级评价，每 4～7 km^2 布设一个取样位置。

②小型湖泊、水库。当建设项目污水排放量小于 50 000 m^3/d 时：对于一级评价，每 0.5～1.5 km^2 布设一个取样位置；对于二级和三级评价，每 1～2 km^2 布设一个取样位置。当建设项目污水排放量大于 50 000 m^3/d 时，各级评价均为每 0.5～1.5 km^2 布设一个取样位置。

（5）湖泊水质取样点的布设

湖泊水质取样点的布设，主要是根据湖泊和水库的水深而确定。

①大、中型湖泊，水库。当平均水深小于 10 m 时，取样点设在水面下 0.5 m 处，但此取样点距水底不应小于 0.5 m。当平均水深大于等于 10 m 时，首先要根据现有资料查明此湖泊（水库）有无温度分层现象，如无资料可供调查，则先测水温。首先在取样位置水面下 0.5 m 处测水温，然后在该位置下每隔 2 m 测一个水温值，如发现两点间温度变化较大时，应在这两点间酌量加测几点的水温，目的是找到斜温层。找到斜温层后，在水面下 0.5 m 及斜温层以下且距水底 0.5 m 以上处各设一个取样点。

②小型湖泊、水库。当平均水深小于 10 m 时，在水面下 0.5 m 和距水底不小于 0.5 m 处各设一个取样点；当平均水深大于等于 10 m 时，在水面下 0.5 m 处、水深 10 m 处且距水底不小于 0.5 m 处各设一个取样点。

（6）海湾水质取样断面的布设

在海湾中布设取样位置时，应尽量覆盖整个调查范围，并且切实反映海湾的水质和水文特点。取样位置设置数目根据建设项目污水排放量和水环境影响评价工作等级来确定。

①当建设项目污水排放量小于 50 000 m^3/d 时：对于一级评价，每 1.5 ~ 3.5 km^2 布设一个取样位置；对于二级评价，每 2 ~ 4.5 km^2 布设一个取样位置；对于三级评价，每 3 ~ 5.5 km^2 布设一个取样位置。

②当建设项目污水排放量大于 50 000 m^3/d 时：对于一级评价，每 4 ~ 7 km^2 布设一个取样位置；对于二级和三级评价，每 5 ~ 8 km^2 布设一个取样位置。

（7）海湾水质取样点的布设

一般情况下，每个取样位置一般只有一个水样。当水深小于等于 10 m 时，只在海面下 0.5 m 处设置一个取样点，此点与海底的距离不小于 0.5 m；当水深大于 10 m 时，分别在海面下 0.5 m 处和水深 10 m 处且距海底不小于 0.5 m 处设一个取样点。

（8）现有水质资料的收集整理

现有水质资料主要从当地水质监测部门收集。收集对象包括有关的水质监测报表、环境质量报告书，以及在建设项目附近已经建设完成项目的环境影响报告书等技术文件中的水质资料。按照时间、地点和分析项目排列整理所收集的资料，并尽量找出其中各水质参数间的关系及水质变化趋势，同时与可能找到的同步的水文资料一起，分析查找地面水环境对各种污染物的净化能力。

二、大气环境现状调查与评价

1. 大气污染源调查

大气污染源调查和统计是大气环境影响评价的重要组成部分，其目的在于找出影响评价区域大气质量的主要污染源和主要污染物，从而为确定大气环境现状监测因子和大气环境影响评价因子提供依据。

（1）大气污染源调查的对象

对于一、二级评价项目，主要调查评价区内与项目排放的污染物有关的已建项目及其他在建项目、已批复环境影响评价文件的拟建项目等的污染源，如果有区域替代方案，还应调查所有被替代的污染源。对于三级评价项目可只调查拟建项目工业的污染源。

（2）污染源调查方法

对于评价区内在建项目的污染源调查，可使用已批准的环境影响报告书中的资料；对于分期实施的工程项目，可利用前期工程最近5年内的验收监测资料或进行实测。评价区内其他已建工业污染源的调查，一般可直接取其近期的"工业污染源调查资料"。对于重点污染源，必要时应进行核实。

（3）污染源调查内容

污染源调查的内容关系着评价工作的等级，不同级别的评价工作也有着不同的污染源调查内容，一级评价要求最为严格。

①对于较大规模的建设项目，一般应该进行以下调查。

第一，工艺流程。按生产工艺流程或按分厂、车间分别对污染流程图进行绘制。

第二，排放量。根据分厂或车间统计各有组织排放源和无组织排放源的主要污染物排放量。

第三，改扩建项目的主要污染物排放量。应给出现有工程污染物的排放量、新扩建工程污染物的排放量，以及预计现有工程经改造后污染物的削减量，并根据上述三个量计算最终的排放量。

第四，毒性较大的物质。除了调查统计正常生产的主要污染物的排放量外，对于那些有较大毒性的物质还应估计其非正常排放量。除极少数一级评价项目的要求较高外，一般只统计上述各项中污染物排放量显著增加的非正常排放。

第五，污染物排放方式。一般可以将污染源分为点源和面源，面源包括无组织排放源和数量多、源强源高都不大的点源。按照污染源源强和源高的具体分布状况可以确定点源的最低源高和源强。

②对于规模较小的建设项目，建设项目本身污染源调查内容可适当从简。

③民用污染源调查，主要污染因子可限二氧化硫、颗粒物两项，其排放量可按全年平均燃料使用量估算，对于有明显采暖和非采暖期的地区，应分别按采暖期和非采暖期统计。界外区域较大点源的调查内容，可参照评价区内工业污染源调查内容进行。

④在评价级别较高时，有必要调查区域污染源。对于评价区内其他工业污染源的调查内容，可参照建设项目污染源调查的有关内容进行，一般可直接从近期的"工业污染源调查资料"中收集。对于"工业污染源调查资料"中有明显错误的和重点的污染源，应进行校对和核实。

（4）污染源评价

在调查了污染源之后还要评价污染源，以确定主要的污染物和污染源，从而为治理污染源提供依据。不同的污染物和污染源的特征不同，不同的环境效应会从不同程度上危害公众的健康。为了可以在同一尺度上比较它们，常采用等标污染负荷以及在此基础上所构造的其他参数进行评价。

2.污染气象观测资料调查

污染气象观测资料调查的要求与项目的评价等级有关，还与评价范围内地形复杂程度、水平流场是否均匀一致、污染物排放是否连续稳定有关。

（1）一、二级评价项目气象观测资料调查的要求

对于一、二级评价项目，一般可以将气象观测资料调查要求分为两种情况：在简单地形且评价范围小于 50 km 的条件下，必须观察地面常规观测资料，或按选取的模式要求，调查气象资料。在复杂地形或评价范围大于 50 km 的条件下，必须调查地面和探空常规观测资料。

①地面常规观测资料调查要求。调查距离建设项目最近的地面观测站，近5 年内至少连续 3 年的常规地面气象观测资料。如果地面气象站与评价项目的距离超过 50 km，并且地面站与评价区的地理特征不一致，还需要进行补充地面气象观测资料。

②探空常规观测资料调查要求。调查距离建设项目最近的探空观测站近5 年内至少连续 3 年的常规探空气象观测资料。如果探空站与评价项目的距离超过 50 km，探空气象资料可采用中尺度气象模式模拟的 50 km 内的格点气象资料。对于三级评价项目，可直接使用与建设项目所在地距离最近的气象台的资料。

（2）大气边界层平均场参数的观测

对复杂地形地区的一、二级评价项目还需观测大气边界层平均场参数。复杂地形地区的三级评价项目可适当减少，平原地区的评价项目一般可不必进行本条所规定的工作，其预测模式所需的平均场输入参数可根据上述内容及有关规定或建议给出。

①观测站点的选择。

第一，应设置一个临时气象中心站和若干个气象观测点，以便可以对地面气象要素和低空风、温度的时空变化规律进行观测。在选用正态模式进行预测时，其气象输入参数主要采用气象中心站的观测数据。

第二，临时气象中心站应选在主排放源附近不受建筑物或树木影响的空旷地区。按照评价区域大小和地理、地形条件，除气象中心站外，应在评价区域内增设 1～5 个观测点来反映平均流场有代表性的地点。复杂地形地区的三级

项目取下限，一级项目取上限。对于地形十分复杂、评价区边长超过 20 km 的一级项目，还可适当增加观测点数目。

②观测时间。以一年为一个观测周期。一、二级评价项目至少应有冬、夏两个季节的代表月份，每月的观测次数，应在黎明前后、上午和傍晚增加观测 2～8 次，以便了解辐射逆温层的状况和混合层的生消演变规律。

③地面观测内容和要求。在一般地形条件下，应观察地面大气温度、湿度、气压，总云量和最低云量，距地面 10 m 高的风向、风速；在复杂地形条件下，应观测山谷风、海陆风等可能出现的频率、时段和风速阈值，并尽量观测局地风所涉及的空间范围等。

根据中心站和各观测点的上述同步资料，分析月或季的地面流场变化规律。如果用平流扩散方程、随机游动等数值模式预测，还应客观分析流场。

④低空探测内容与要求。应至少设一个低空探空点，此外还应按照地形的复杂程度，适当增设探空点。

第一，测出距地面 1.5 km 高度以下的风速、风向随高度的变化关系，并根据大气稳定度进行划分，给出其数学表达式，一般用幂指数表示。

第二，求出各级大气稳定度的混合层高度，并分析其各季的日变化规律，除此之外，还要分析逆温层的变化规律。

3. 大气环境质量现状调查与评价

调查大气环境质量现状的目的在于收集评价区域及周围地区的气象、污染物资料，观察现场并监测污染物，最终统计和分析监测结果，以确定拟建项目所在地区空气质量的本底情况，为展开环境影响预测等工作提供基础资料。

（1）大气环境质量现状调查

①评价因子的选择。

根据不同的评价工作等级，收集评价区内及其邻近评价区近 3 年的各例行空气质量监测点与评价项目有关的监测资料及近年与评价项目有关的历史监测资料，考虑区域内量大面广且属大气环境质量标准中有代表性的污染物，结合拟建项目的种类和性质选择污染监测的评价因子。

目前，我国各地大气污染监测评价的因子包括 4 类：尘、有害气体、有害元素和有机物。评价因子一般根据评价区大气污染源的特点和评价目的从上述因子中选择几项，不宜过多。

②现状监测。

A. 确定监测范围。监测区域范围与大气评价范围相当。为了能够查清对照

点的浓度，一般需要将监测地点放在评价区外，选择拟建项目主导风向的上风向的地点。对于监测区附近的名胜古迹、游览区等特定保护对象，可以按照特殊要求设置专用的监测点。

B.监测点的数目和布设。

第一，监测点数目。监测点数目应按照评价范围的大小、气象条件以及地理环境等具体情况而定，不应设置过多，能够满足评价需要即可。例如，监测环境影响评价的现状，一般规定至少要布设10个一级评价项目和6个二级评价项目；如果评价区内已设置了常规的监测点，则不再安排监测三级评价项目，否则可布置1～3个点。

第二，监测布点。一般来说，监测布点要遵循下述原则：最好设置对照点（主导风向上风向布设）；监测点的设置要考虑大气污染源的分布和地形、气象条件，即在污染源密集区及其下风向要适当增加监测点，力争在1～4 km²内有10个监测点，而在污染源稀少和评价范围的边缘则可以少布一些监测点，1～4 km²内有1个监测点即可；必须保证能代表评价区域范围内的环境特征，要保持监测点一定的数量和密度；要有大气监测布点图。监测布点的方法主要有网格法(适用于监测面源)、放射状布点法(适用于所在地风向多变的孤立源)、功能分区布点法（用于了解拟建项目对不同环境功能区的影响）和扇形布点法（适用于孤立的高架点源且主导风向明显的地区）等，可根据人力、物力和监测条件的限制灵活应用。

第三，采样、分析方法。对大气环境现状监测来说，采样、分析方法应尽量选择国家环保局统一制定的标准方法。对国家尚未统一制定标准方法的监测项目，应充分调查和优选监测分析的方法，并且在进行初次监测时，还要进行条件试验。

第四，监测时间和频率。根据污染物排放的规律有周期性和不均匀的变化，大气湍流运动也有周期性变化，使污染物浓度分布出现以年、季、月、周、日为周期的变化。

第五，同步气象观测。大气污染程度和气候条件关系密切，要准确分析、比较大气污染监测结果，必须结合气象条件来说明。首先要充分利用本地区气象部门的常规气象资料，如果评价区地形复杂，气象场不均匀，则应考虑开展同步气象观测，以便找到大气污染的规律和重污染发生的气象条件。

（2）大气环境质量现状评价

①监测结果统计分析要点。对现有例行监测资料主要分析各监测点各季的主要污染物的浓度值、超标量、变化趋势等。

对监测结果主要统计分析各监测点各期各主要污染物浓度范围，一次最高值，日均浓度波动范围，季日均浓度值，一次值及日均值超标率，浓度日变化及季节变化规律，浓度与地面风向、风速相关特点等。

②大气环境质量现状评价。国内外大气环境质量现状评价过去常用环境质量综合指数来表示。例如，上海大气质量指数，北京、南京、广州的均值型大气质量指数和美国橡树岭大气质量指数（ORAQI）等。由于综合指数是以大气环境各评价因子的单因子污染指数为基础，经过数学关系式运算而得的，评价结果有可能偏离实际情况，目前大多采用单因子污染指数法。评价结果根据单因子污染指数的大小而定，如果该指数大于1，表明该监测点环境质量劣于评价标准等级，反之则满足评价标准。

在评价结论内应明确各评价因子在各监测点日均值单项污染指数的范围、各监测点超标率范围及最大超标倍数等，进而说明评价范围内主要污染物有哪些及何种污染物尚有相对较大的环境容量等。

三、土壤环境质量现状调查与评价

1. 土壤环境质量现状调查

土壤环境质量现状调查包括资料调查和现场实测。资料调查主要从有关管理、研究和行业信息中心以及图书馆和情报所等部门收集相关资料，一般主要包括以下几项调查内容：自然环境特征，如气象、地貌水文和植被等资料；土壤及其特性，包括成土母质（成土母岩和成土母岩类型）、土壤特性（土类名称、面积及分布规律）、土壤组成（有机质、氮、磷、钾以及主要微量元素含量）、土壤特性（土壤质地、结构、酸碱度和氧化还原电位，土壤代换量及盐基饱和度等）；土地利用状况，包括城镇、工矿、交通用地面积，农、林、牧、副、渔业用地面积及其分布。

现场实测包括布点、采样、确定评价因子等。其中，布点要考虑评价区内土壤的类型及分布、土地利用及地形地貌条件，要使各种土壤类型、土地利用和地形地貌条件均有一定的采样点，还要设置对照点。最后，要在空间中均匀布设土壤采集点，从而确保土壤环境质量现状调查的代表性和精度。植物生长状况调查包括植物种类，不同生长期的生长状况、产量、质量等的变化情况；污染源状况调查包括工业污染源、农业污染源、污水灌溉以及各种人为破坏植被和地貌造成的土壤退化的活动。

2. 土壤环境质量现状评价

（1）土壤环境污染现状评价

①土壤污染源调查。调查评价区内的污染源、污染物及污染途径，包括评价区内土壤的各种工业、农业、交通和生活污染源特征及其污染物排放特点，并通过调查分析确定主要污染源和主要污染物。

②土壤环境污染现状调查。土壤环境污染现状调查通常采用现场监测的方式进行，主要包括采样点的选择，土壤样品采集、制备和分析等方面的内容。

③评价因子的选择。是否能够合理地选取评价因子，关系到评价结论的科学性和可靠程度，因此，应按照土壤污染物的类型和评价的目的要求来选择评价因子。

④评价标准的选择。判断土壤环境是否已经受到污染以及污染的程度如何，需要一些评价标准。由于土壤受外界干扰的因素很多，评价标准不能统一划定。可结合土壤评价目的、要求及实际情况，选用土壤环境背景值、土壤临界含量或介于两者之间的其他标准作为评价标准。

⑤评价模式及指数分级。土壤环境现状评价方法常采用指数法。

第一，单因子评价。单因子评价是指计算各项污染物的污染指数，然后进行分级评价，具体如下：以实测值与评价标准值相比计算土壤污染指数；根据土壤和作物中污染物积累的相关数量计算土壤污染指数，再根据计算出的污染指数判定污染等级。

第二，多因子综合评价。多因子综合评价是综合考虑土壤中各污染因子的影响，并计算和评价综合指数。其计算方法一般有以下五种：叠加土壤各污染物的污染指数作为污染综合指数；按内梅罗指数法计算土壤污染指数；以土壤中各污染物的污染指数和权重计算土壤综合指数；以均方根的方法求出综合指数；选取各个污染指数中的最大值作为综合指数。

第三，土壤环境质量分级。用不同方法计算得到的综合污染指数 P：$P \leqslant 1$，表示土壤为未受污染；$P > 1$，表示土壤为已受污染；P 越大，表示土壤受到的污染越严重。可按以下两种方法进行土壤环境质量的详细分级：按照综合污染指数 P 值划分土壤环境质量的级别，按照各地具体的 P 值，结合作物受害程度和污染物积累状况，再划分轻度污染、中度污染和重度污染；按照系统分级法划分土壤环境质量级别，首先划分土壤中各污染物的浓度级别，然后将土壤污染物浓度分级标准转换为污染指数，将各级污染物指数加权综合为土壤质量指数分级标准，并据此划分土壤环境质量的级别。

第四，编制土壤质量评价图。土壤质量评价图能够非常直观形象地反映区域土壤环境质量状况，可直接为土壤保护、综合治理规划服务，并可在环境质量评价量化中发挥作用。一般来讲，评价工作等级为一、二级时需要编制土壤质量评价图。

（2）土壤退化现状评价

①土壤沙化现状评价。土壤沙化是风蚀过程和风沙堆积过程共同作用的结果，一般发生在干旱荒漠及半干旱和半湿润地区（主要发生在河流沿岸地带）。建设项目虽然可能加速土壤沙化的发展，但必须有一定的外在作用条件，如气候气象、河流水文、植被等。因此，在评价土壤沙化现状时，必须详细调查这些相关的环境条件。调查的主要内容包括沙漠特征、气候、河流水文、植被，以及农业生产、牧业生产情况。

评价因子一般选取植被覆盖度、流沙占耕地面积比例、土壤质地，以及能反映沙漠化的景观特征等。评价标准可根据评价区的有关调查研究，或咨询有关专家、技术人员的意见拟定。评价指数计算采用分级评分法。

②土壤盐渍化现状评价。土壤盐渍化是指可溶性盐分在土壤表层积累的现象或过程。引起土壤盐渍化的环境条件和盐渍化的程度，是土壤盐渍化现状调查和评价的核心内容。

土壤盐渍化一般发生在干旱、半干旱和半湿润地区以及滨海地带，主要调查内容包括灌溉状况、地下水情况、土壤含盐量情况和农业生产情况等。

评价标准一般根据土壤含盐量或各离子组成的总量拟定标准，在以氯化物为主的滨海地区，也可以氯离子含量拟定标准。评价指数计算采用分级评价法。

（3）土壤沼泽化现状调查与评价

土壤沼泽化是指土壤在长期处于地下水浸泡情况下，土壤剖面中下部某些层次发生锰、铁还原而成青灰色斑纹层或青泥层（也称潜育层），或在基质层转化为腐泥层和泥潭层的现象或过程。

土壤沼泽化一般发生在地势低洼、排水不畅、地下水位较高地区，主要调查内容包括地形、地下水、排水系统和土壤利用等。

评价因子一般选取土壤剖面中潜育层出现的高度；评价标准根据土壤潜育化程度拟定；评价指数计算采用分级评分法。

（4）土壤侵蚀现状评价

土壤侵蚀是指通过水力及重力作用而搬运移走土壤物质的过程，主要发生在我国黄河中上游黄土高原地区、长江中上游丘陵地区和东北平原微有起伏的漫岗地形区。其主要调查内容包括地形地貌、气象气候条件、水文条件、植被

条件和耕作栽培方式等。评价因子一般选用土壤侵蚀量，或以未侵蚀土壤为对照，选取已侵蚀土壤剖面的发生层厚度等。评价指数计算采用分级评分法。

3. 土壤破坏现状评价

土壤破坏是指土壤资源被非农、林、牧业长期占用，或土壤极端退化而失去肥力的现象。

①土壤破坏现状调查。土壤破坏除自然灾害因素外，还涉及土地利用问题。因此，在调查土壤破坏现状时，应重点注意土地利用类型现状、变化趋势及各类型面积的消长关系，以及人均占有量等。

②评价因子的选择。可选取区域耕地、林地、园地和草地在一定时段（1～5年或多年平均）内被自然灾害破坏或被建设项目占用的土壤面积或平均破坏率作为评价因子。

③评价标准的确定。评价标准按评价区内耕地、林地、园地和草地损失的土壤面积拟定，应根据当地具体情况，咨询有关部门和专家确定具体数据。

④评价土壤损失面积指数计算采用分级评分表。

四、生态现状调查与评价

1. 生态现状调查

生态现状调查至少要进行两个阶段：第一阶段，在影响识别和评价因子筛选前要进行初次现场踏勘；第二阶段，在进行环境影响评价前要进行详细的勘测和调查。

（1）调查要求

生态现状调查是生态现状评价、影响预测的基础和依据，调查的内容和指标应能反映评价工作范围内的生态背景特征和现存的生态问题。

（2）调查方法

①资料收集法。资料收集法是指收集现有的可以反映生态现状或生态背景的资料，主要包括：从农、林、牧、渔业资源管理部门、专业研究机构收集生态和资源方面的资料；从地区环保部门和评价区其他工业项目环境影响报告书中收集有关评价区的污染源、生态系统污染水平的调查资料、数据。

②专家和公众咨询法。专家和公众咨询法在一定程度上补充了现场勘查的不足之处。通过咨询有关专家，收集评价工作范围内的公众、社会团体和相关管理部门关于项目影响的意见，能够发现现场勘查中遗漏的生态问题，或帮助解决调查和评价中的专业问题（如物种分类鉴定）和疑难问题。

③生态监测法。当资料收集、现场踏勘和专家咨询提供的数据不能满足评价的定量需要时，可考虑选用生态监测法。生态监测应按照监测因子的生态学特点和干扰活动的特点确定监测的位置和频次，并使布点具有一定的代表性，如针对候鸟迁徙采取定位或半定位观测方法。

④遥感调查法。当涉及区域范围较大或主导生态因子的空间等级尺度较大，通过人力踏勘难以完成评价时，可以采用遥感调查法。在遥感调查过程中必须辅助必要的现场勘查工作。此外，针对海洋和水库还有专门的海洋生态调查方法和水库渔业资源调查方法。

（3）生态环境问题调查

生态环境问题的调查内容包括水土流失、沙漠化、环境污染的生态影响及自然灾害等。这类生态环境问题必须关注其动态和发展趋势，许多生态环境问题发展到一定程度就会以灾害的形式加以表现，如严重的水土流失导致洪灾和泥石流灾害，土地沙漠化导致沙尘暴等。

（4）植物的样方调查和物种重要值

自然植被经常需要进行现场的样方调查。在样方调查中，首先要确定样地大小，一般草本的样地在 $1\ m^2$ 以上，灌木样地在 $10\ m^2$ 以上，乔木样地在 $100\ m^2$ 以上，按照植株大小和密度确定样地大小。其次要确定样地数目，样地的面积须包括群落的大部分物种，一般可用其中的一种物种与面积和关系曲线确定样地数目。样地的排列有系统排列和随机排列两种方式。样方调查中"压线"植物的计量须合理。

（5）水生生态环境调查

水生生态系统有海洋生态系统与淡水生态系统之别，淡水生态系统又有河流（流水）生态系统与湖泊（静水）生态系统之别。建设项目的水生生态环境调查，一般应包括水质、水温、水文和水生生物群落的调查，并且还应包括鱼类产卵场、索饵场、越冬场、洄游通道、重要水生生物及渔业资源等的调查。水生生态调查一般按规范的方法进行。

水生生态调查一般包括初级生产量、浮游生物、底栖生物和鱼类资源等，有时还有水生植物调查等。

①初级生产量的测定方法。

A.氧气测定法，即黑白瓶法。用三个玻璃瓶，一个用黑胶布包上，再包以铅箔。从待测的水体处取水，保留一瓶（初始瓶 IB）以测定水中原来溶解氧量。将另一对黑白瓶沉入取水样深度，经过 24 h 或其他适宜时间，取出进行溶解氧测定。昼夜氧曲线法是黑白瓶法的变形。每隔 2 ～ 3 h 测定一次水体的溶解氧和水温,作昼夜氧曲线图。白天由于水体自养生物的光合作用,溶解氧逐渐上升;夜间由于全部好氧生物的呼吸,溶氧量逐渐减少。这样,就能根据溶氧的昼夜变化来分析水体群落的代谢情况。因为水中溶解氧还随温度而发生变化,因此必须对实际观察的昼夜氧曲线进行校正。

B.二氧化碳测定法。用塑料罩将群落的一部分罩住,测定进入和抽出的空气中二氧化碳含量。如黑白瓶方法比较水中溶解氧那样,本方法也要用暗罩和透明罩,通过测定其内夜间无光条件下的二氧化碳增加量来估计呼吸量。测定空气中二氧化碳含量的仪器为红外气体分析仪。

C.叶绿素测定法。通过薄膜将自然水进行过滤,然后用丙酮提取,在分光光度计中测定其光吸收,再通过计算,转化为每平方米含叶绿素多少克。叶绿素测定法最初用于海洋和其他水体,比二氧化碳测定法和氧气测定法简便,花费时间也较少。

②浮游生物调查。浮游生物包括浮游植物和浮游动物,也包括鱼卵和小鱼。许多水生生物在虫卵期,都以浮游状态存在,营浮游生活。浮游生物调查指标包括六个方面。第一,种类组成及分布:包括种及其类属和门类,不同水域的种类数。第二,细胞总量:平均总量及其区域分布、季节分析。第三,生物量:单位体积水体中的浮游生物总重量。第四,主要类群:按各种类的浮游生物的生态属性和区域分布特点进行划分。第五,主要优势种及分布:细胞密度最大的种类及其分布。第六,鱼卵和小鱼的数量及种类、分布。

③底栖生物调查。底栖生物活动范围小,常可作为水环境状态的指示性生物。底栖生物的调查指标包括:总生物量和密度;种类及其生物量、密度,即各种类的底栖生物及其相应的生物量、密度;群落与优势种,即群落组成、分布及其优势种;底质,类别。

④鱼类资源调查。鱼类是水生生物调查的重点,一般调查方法为网捕,也附加市场调查法等。鱼类调查既包括鱼类种群的生态学调查,也包括鱼类作为资源的调查。一般调查指标有:第一,种类组成与分布,即区分目、科、属、种及相应的分布位置;第二,渔获密度、组成与分布,即渔获密度及相应的种类、地点;第三,渔获生物量、组成与分布,即渔获生物量及相应的种类、地点;第四,鱼类区系特征,即不同温度区及其适宜的鱼类种类,不同水层中鱼类的分布,不同水域鱼类的分布;第五,经济鱼类和常见鱼类;第六,特有鱼类,即地方特有鱼类种类、生活史、特殊生境要求与利用及种群动态;第七,保护鱼类,即列入国家和省级一、二类保护名录中的鱼类、分布、生活史、种群动态及生境条件。

2. 生态环境现状评价

（1）生态环境现状评价的内容

①在阐明生态系统现状的基础上，分析影响区域内生态系统状况的主要原因，评价生态系统的结构和功能状况、生态系统面临的压力等。

②分析和评价受区域内动、植物等生态因子的现状组成、分布影响。当评价区域涉及受保护的敏感物种时，应重点分析该敏感物种的生态学特征；当评价区域涉及特殊生态敏感区或重要生态敏感区时，应分析其生态现状、保护现状和存在的问题等。

（2）生态环境评价方法

生态环境现状评价的常用方法包括列表清单法、景观生态分析法、生产力分析法、系统分析法等。其中，景观生态分析法是发展最快、应用最广的一种方法。生态环境评价方法的选用，应根据评价问题的层次特点、复杂性、评价目的等因素决定。

第二节　环境监测质量现状与对策

一、环境监测质量管理现状和对策

1. 环境监测质量管理现状

（1）环境监测质量管理体系缺乏有效性

目前，我国环境监测机构的工作比较单一，相关工作人员尚不能从整体上认识质量管理体系。这样不仅会导致我国环境监测质量管理不能实现自我提高，而且还可能导致自我监督意识严重缺乏的现象发生。我国的环境监测质量管理发展较晚，不管是管理模式还是相关管理制度，结构都比较单一，缺乏质量管理的有效性。所以，要想使体系结构的全面性得到完善，就必须改变过去单一的管理模式，要对优势资源和相关信息加以整合，并对多种管理模式加以综合运用，从而提高我国环境监测质量管理的有效性。

（2）环境监测质量管理保障措施不足

①环境监测质量管理的资金和物质保障不足。随着各级政府日益重视环境保护工作，在环境监测质量管理方面的投入也在逐渐增加。但受单一管理模式的限制，导致增加的投入仍然少于相关检定、校准费用的增加，从而不能有效实施环境监测的质量控制措施。

②环境监测质量管理的技术保障不足。一般来讲，技术保障的不足体现在以下四个方面：一是还没有建立对新监测技术的质量控制方式；二是没有相应的技术和设备来监测自然环境中一些新的需要监测的领域；三是我国环境监测质量管理的系统、结构等有很多问题；四是我国的环境监测质量管理很少会应用科学技术，在实际的监测工作中也没有应用先进的信息技术产品。

2.环境监测质量管理对策

（1）增强质量管理意识

首先，做好环境监测质量管理工作的基础在于提高人员的质量管理意识。不管是环境监测管理层，还是一线工作人员，都必须具有良好的质量管理意识。各种相关质量体系中都明确规定了其工作人员的职责。

其次，做好环境监测质量管理工作的关键在于提高人员的参与意识。全体员工的参与意识都应加强，并树立制度化的管理理念，共同做好复杂的环境监测工作。

最后，做好环境监测质量管理工作的重点在于健全质量管理队伍。培养专业的质量管理人才，建立专业的质量管理队伍，并按照监测技术和相关设备的发展水平，加强新的管理理念和技术培训，从而更好地保障环境监测质量管理工作的开展。

（2）设定专项环境监测质量管理资金

开展环境监测质量管理工作不仅需要资金的保障，还需要先进的技术和专业的人才，所以国家需要将一定的专用资金投入环境监测质量管理中，一般不得对专款进行挪用。环境监督站在获得专款后要合理利用资金，确保资金用于环境监测质量管理设备及人才聘用等方面，要细化站内专款资金的支出，并公开接受监督，上级部门不得利用职务权力私用公款，要严厉处罚那些挪用环境监测质量管理专款的人员。

二、环境监测质量控制现状和对策

1.环境监测质量控制现状

（1）措施落实缺少力度

在我国环境监测质量控制的过程中，主要是通过基层监测站来监测环境的，在其内部都拥有各自的质量管理体系，且大部分内容都是按照国家相关规定建立的。但我国目前的环境监测站还存在质量控制意识较弱，以及措施落实缺少力度的现象。

一方面，受传统管理思想的影响，管理者长期未能改革现有的管理制度，使其不能适应迅猛发展的社会，这就导致在落实相关制度规定措施的过程中的力度和执行力严重欠缺。

另一方面，环境监测站内部的管理者忽视质量控制的重要性，只知道严格要求工作人员进行环境监测，却忽视了其质量的高低，从而严重阻碍了质量控制工作的开展。

（2）监测人员的综合素质不高

在开展环境监测工作的过程中，监测人员的综合素质最为重要，这不仅在一定程度上影响了环境监测的结果，也在一定程度上影响了环境保护工作的顺利开展。在我国目前的环境监测站中，很多监测人员都不具备较高的综合素质水平。一方面，所学专业不对口，导致内部员工的素质参差不齐，一些员工因为不是很了解专业性知识，使其在工作中的主观质量控制意识十分缺乏，从而在一定程度上阻碍了质量控制工作的开展。另一方面，由于一些监测站员工的思想道德素质水平较低，并且其在工作过程中对工作不负责，导致监测质量降低，并且也不虚心接受和及时修改工作中出现的问题，最终严重影响环境监测的质量。

2.环境监测质量控制对策

（1）进行全面性的质量控制

在开展环境监测质量控制工作的过程中，应该从以下两个方面出发。

一方面，应当加强对实验室的质量控制，可以通过空白试验、加测平行样等方式，保证实验数据的真实性、可靠性。

另一方面，应该对现场采样技术进行有效的质量控制，包括对比校准采样设备、反复验证采样数据等，这些都能够有效提高采样过程中的整体质量，避免出现误差而导致不能合理地判断环境状况。

（2）提高监测人员的综合素质水平

只有提高监测人员的综合素质水平，才能保证顺利开展环境监测质量控制工作。

首先，在招聘过程中，环境监测站应该尽可能地选择那些本专业的，或了解环境监测工作基础知识的应聘人员，从而有效提高监测人员的整体专业知识水平。

其次，应该注重定期培训已有监测人员，通过学习不断发展的先进知识理论，可以使其自身的专业水平得到极大提高；也应定期培训其现代化科学技术

的应用，使监测人员可以掌握那些最先进的环境监测技术，从而可以有效控制环境监测的质量。

最后，可以加强监测人员的思想道德教育，使其能认真完成分内的工作任务，从而有效控制环境监测的质量。

第三节　环境质量现状监测要求

一、水环境监测

水环境监测：按照监测报告表达的深度，可将其分为实测结果数据型和评价结果文字型两大类；按照监测报告选择的表达形式，可将其分为书面型和音像型两大类；按照监测报告表达的广度，可将其分为项目监测报告、水质监测快报、水质监测月报告、水质监测季报告、水质监测年报告和水质监测报告书等类型。

1. 水环境监测报告编写原则

各类环境监测报告都是环境管理决策的重要依据，其编写应遵循如下原则。

（1）准确性原则

各类监测报告首先要给人们提供一个确切的环境质量信息，否则监测工作就毫无意义，甚至造成严重后果。同时，各类监测报告必须实事求是、准确可靠、数据翔实、观点明确。

（2）及时性原则

环境监测是通过它的监测成果为环境决策和环境管理服务的，这种服务必须及时有效，否则就可能贻误战机，使监测工作失去生命力。因此，必须建立和实行切实可行的报告制度，运用先进的技术手段（如计算机），建立专门的综合分析机构，选用得力的技术人员，切实保证报告的时效性。

（3）科学性原则

监测报告的编制绝不仅仅是简单的数据资料汇总，必须运用科学的理论、方法和手段提示监测结果及环境质量变化规律，为环境管理提供科学依据。

（4）可比性原则

监测报告的阐述应统一、规范，内容、格式等应遵守统一的技术规定，评价标准、指标范围和精度应相对统一稳定，结论应有时间的连续性，成果的表达形式应具有时间、空间的可比性，便于汇总和对比分析。

（5）社会性原则

监测报告尤其是监测结果的表达，要使读者易于理解，容易被社会各界接受和利用，能使其在各个领域中尽快发挥作用。

2. 项目监测报告的内容

监测机构按照任何一种测试方法进行的每一项或一系列测试的结果，都应给出准确、清晰、明确和客观的报告，这种报告就是项目监测报告。项目监测报告应包括测试结果、所用方法、监测分析仪器设备及有关说明等全部信息。

项目监测报告是监测机构运用最多的报告形式，是编制其他报告的基础。每份项目监测报告至少应包括以下信息：报告名称，如"水质污染项目监测报告"或"水质质量项目监测报告"等；监测机构的名称和地址；报告的唯一标识和每页编号及总页数；样品的描述和明确的标识；样品的特性、状态及处置；样品接收日期和进行监测分析的日期；所使用测试方法的说明；有关的取样程序说明；与测试方法的偏差、补充或例外情况及与测试有关的其他情况（如环境条件）说明；测试、检查和导出结果以及结果中不合格标识；对测试结果的不确定度的说明；监测结论；对报告内容负责的人员的职务、签字日期和签发日期；对测试结果代表范围及程度的声明；报告未经监测机构批准不得复制的声明。

（1）水质监测快报

水质监测快报是指采用文字型、一事一报的方式，报告重大水污染事故、突发性水污染事故和对环境质量造成重大影响的应急监测情况，以及在监测过程中发现的异常情况及其原因分析和对策建议。

污染事故监测快报应在事故发生后 24 h 内报出第一期，并应在事故影响期间内按照环保主管部门确定的日期连续编制各期快报。水质监测快报应在每次监测任务完成后 5 d 内报到环保主管部门。

水质监测快报应包括以下信息：报告名称，如"水污染事故监测快报"；监测机构名称和地址；报告的唯一标识（如编号）及页号和总页数；监测地点及时间；事件发生的时间、地点及简要过程和分析；污染因子或环境因素监测结果；对短期内环境质量态势的预测分析；事件原因的简要分析；结论与建议；对报告内容负责的人员的职务和签名；报告的签发日期。

（2）环境监测月报告

环境监测月报告是一种简单、快速报告水环境质量状况及水环境污染问题的数据型报告。环境监测机构应在每月 5 日前将上月监测情况报到同级环保主管部门和上级监测站。环境监测月报告应包括以下信息。

①报告名称，如"水环境质量监测月报告"或"水环境污染监测月报告"。

②报告编制单位名称和地址。

③报告的唯一标识（如序号）、页码和总页数。

④被监测水体名称、地点。

⑤监测项目的监测时间及结果。

⑥监测简要分析，包括以下几点：与前月份对比分析结果；当月主要问题及原因分析；变化趋势预测；管理控制对策建议等；对报告内容负责的人员的职务和签名；报告的签发日期。

（3）环境监测季报告

水环境监测季报告是一种在时间和内容上介于月报和年报之间的简要报告环境质量状况或环境污染问题的数据报告。环境监测机构应在每季度第一个月的 15 日前，将其一季度环境监测情况报到同级环保主管部门和上级监测站。

水环境监测季报告应包括以下信息：报告名称，如"水环境质量监测季报告"或"水环境污染监测季报告"；报告编制单位名称、地址；报告的唯一标识（如序号）、页码和总页数；各监测点情况；监测技术规范执行情况；监测数据情况；被监测水体名称、地址；各环境要素和污染因子的监测频率、时间及结果；单要素环境质量评价及结果；本季度主要问题及原因简要分析；水环境质量变化趋势估计；改善水环境管理工作的建议；水环境污染治理工作效果、监测结果及综合整治结果；对报告内容负责的人员的职务和签名；报告的签发日期。

（4）水环境监测年报告

环境监测年报告是环境监测重要的基础技术资料，是环境监测机构重要的监测成果之一，从总体上讲，也是一种数据型报告。

环境监测年报告应包括以下信息。

①报告名称，如"水环境质量监测年报告"或"水环境污染监测年报告"等。

②报告年度。

③报告的唯一标识、页码和总页数。

④环境监测工作概况，主要包括以下几点：

第一，基本情况，包括监测点人员构成统计表，监测机构及组织情况表，监测站仪器、设备统计表等；

第二，监测网点情况，包括水、气、噪声等各环境要素质量监测网点情况表，污染源监测网点情况表等；

第三，监测项目、频率和方法，即水环境要素监测项目、频率和方法统计表；

第四，评价标准执行情况、水质等各环境要素质量评价标准执行情况表，污染源评价标准执行情况表等；

第五，数据处理以及实验室质量控制活动情况等。

⑤监测结果统计图表。

⑥环境监测相关情况，主要包括以下几点：

第一，环境条件情况、环境气象条件统计表，环境水文情况统计表，其他环境条件统计表；

第二，社会经济情况监测区域面积、人口密度统计表及其他社会环境情况统计表；

第三，年度水环境监测大事记，包括重大水环境保护活动记事、重大水环境监测活动记事、重大水污染事故统计表等。

⑦当年环境质量或环境污染情况分析评价，主要包括以下几点：水质评价及趋势分析；水质污染评价及趋势分析；各环境要素和主要污染因子存在的主要问题及原因分析；与上年度对比分析结果；水污染治理效果总结；强化环境管理及监督监测的对策建议等。

⑧对报告内容负责的人员的职务和签名。

⑨报告的签发日期。

（5）水环境监测报告书

环境监测报告书属于文字型报告。按照报告内容和管理的需要，分为年度报告书和五年报告书两种；按其形式，分为公众版、简本和详本三种。五年报告书只编有详本一种形式。

环境监测报告书一般由地方政府环保主管部门组织所属监测站按时完成。由于报告书涉及面较广、工作量较大，单个监测站编写困难较大，故本书不做详细介绍。具体内容、编写原则和方法等请参见国家有关编写大纲和编写技术规范。

二、大气质量监测

1. 现状调查

按照确定的监测目标、内容、项目和范围等监测网络的基本性质和任务，调查规划监测区域的基本情况，并建立基本的数据库，一般应该调查以下几项基本内容。

①地理地形特征、土地利用状况。最好绘制 1：50 000 的数字地图。

②近5～10年的气象特征。例如，风速、风向、逆温层、混合层高度分布特征以及应用空气质量模型需要的有关气象数据资料。

③人口分布情况。其中包括城市人口和农村人口的分布特征、人口密度分布特征。

④城市功能区分布。按照城市总体发展规划和政府划定的城市大气功能区类型绘制分布图。

⑤历史空气质量状况。在区域内已经开展过空气质量监测的情况下，应评价历史监测数，了解污染物浓度的时空分布特征，尤其要了解重污染时段污染物浓度的时空分布特征。

⑥区域经济、社会和城市建设发展规划。其中包括城市布局、产业结构、现有人力和物力监测资源等。

2. 监测布点

在大气环境监测中，确定采样点位置和数量十分关键，它在一定程度上决定了所测数据的代表性和实用性。因此，在进行布点时要遵循以下原则。

（1）监测点数量的设置原则

应根据评价目的、区域大气污染状况和发展趋势，综合考虑地形、污染气象条件、自然因素来确定功能区布局和敏感受体的分布。

（2）监测点位置的设置原则

监测点位置应具有一定的代表性，所设点的测量值可以反映一定范围内的大气环境污染的水平和规律。

在设置点位时应该考虑自然地理环境和交通工作条件，尽量均匀布置监测点，为工作提供便利。监测点周围应开阔，采样口水平线与周围建筑物高度的夹角应大于30°；监测点周围应设置局地污染源，并应远离那些具有较强吸附能力的建筑物。

（3）监测点位置的布设方法

①网格布点法。这种布点法适用于待监测的污染源分布分散的情况。具体布点方法：把监测区域网格化（可以评价区左下角或左上角为原点，分别以东、北为 X 和 Y 轴。网格单元取 1 km×1 km，评价区较小时，可取 500 m×500 m），按照人力、设备等条件确定布点密度。在条件允许的情况下，在每个网格中心都可以设置一个监测点。

②同心圆多方位布点法。该布点法对孤立源及其所在地区风向多变的情况比较适用。其布点方法：以污染排放源为圆心，画出 6 个或 8 个方位的射线和

若干个不同半径的同心圆。监测点是同心圆周线与射线的交点，在实际工作中，根据客观条件和需要，往往在主导风的下风方位布点密一些，其他方位布点疏一些。确定同心圆半径的原则：在预计的高浓度区及高浓度与低浓度交接区应短些，其他区要长一些。

③配对布点法。该方法适用于线源。例如，对公路和铁路环境质量评价时，在行车道的下风侧，离车道外沿 0.5～1 m 处对一个监测点进行设置，同时在该点外沿 100 m 处再设置一个监测点。按照道路布局和车流量分布，选择典型的路段，并用配对法对监测点加以设置。

④功能区布点法。该方法适用于了解污染物对不同功能区的影响，一般按工业区、居民稠密区等分别设置若干监测点。除此之外，一般应在关心点、敏感点以及下风向距离最近的村庄布置取样点，通常还需要在上风向的适当位置布置对照点。

3. 网格实测或模拟

在有条件的地方最好可以采用网格布点，来实际监测区域的空气质量情况。一般来讲，监测网格的大小在城市区为 1 km×1 km，在郊区为 2 km×2 km。

如果一个地区不具备网格实测能力，可以选用那些合适的空气污染扩散模型，并按模型需要在排放源和气象数据调查的基础上，模拟区域网格浓度的分布规律。

基于对以上数据、资料的调查，选用科学实用的方法计算达到监测网络目的的最少点位数量。

按照不同功能点位的技术要求，确定具体点位，并详细描述点位，建立数据库来确定监测点位。

4. 网络运行评估

优化后的监测网络和点位是否能达到预定的监测目标和数据质量要求需要通过一段时间的运行和评估，如果实际监测结果基本符合计划目标，则可正式运行，否则将重新调整监测网络的监测点数和位置，直到满足目标要求。而且，随着影响条件的不断变化，可能会在一定程度上影响网络和点位的代表性、完整性，所以，在网络的正常运行中，也应每年审核一次网络目标，审查网络的代表性和完整性是否良好，监测网络设计与点位优化程序如图 4-2 所示。

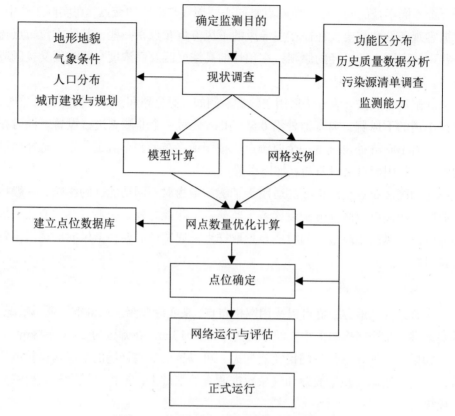

图 4-2　监测网络设计与点位优化程序图

三、土壤环境监测

1. 监测目的

①土壤质量现状监测。监测土壤质量的目的是判断土壤是否被污染及污染状况，并预测其发展变化趋势。

②土壤污染事故监测。污染物对土壤造成污染，或者使土壤结构与性质发生了明显变化，或者对作物造成了伤害，因此需要调查分析主要污染物，并确定污染的来源、范围和程度，从而有助于行政主管部门更好地采取相应的对策。

③污染物土地处理的动态监测。在土地利用和处理过程中，许多有机和无机污染物质被带入土壤中，其中有的污染物质残留在土壤中，并不断积累，需要对其进行定点长期动态监测。这样既能充分利用土地的净化能力，又能有效防止土壤污染，从而在一定程度上保护土壤生态环境。

2. 资料收集

广泛收集相关资料，包括自然环境和社会环境方面的资料。

（1）自然环境方面的资料

自然环境方面的资料包括土壤类型、植被、区域土壤元素背景值、土地利用、水土流失、自然灾害、水系、地下水、地质、地形地貌、气象等，以及相应的图件（如土壤类型图、地质图、植被图等）。

（2）社会环境方面的资料

社会环境方面的资料包括工农业生产布局、工业污染源种类及分布、污染物种类及排放途径和排放量、农药和化肥使用状况、污水灌溉及污泥施用状况、人口分布等及相应图件（如污染源分布图、行政区划图等）。

3. 监测项目

土壤监测项目应根据监测的目的来确定。背景值调查研究是为了了解土壤中各种元素的含量水平，要求测定项目多。污染事故监测仅测定可能造成土壤污染的项目。土壤质量监测测定影响自然生态和植物正常生长以及危害人体健康的项目。

监测项目包括必测项目和选测项目。必测项目是根据监测地区环境污染状况，确认在土壤中积累较多，对农业危害较大，影响范围广、毒性较强的污染物，具体项目由各地根据实际情况自己确定。选测项目指新纳入的在土壤中积累较少的污染物，由于环境污染导致土壤性状发生改变的土壤性状指标和农业生态环境指标。必测项目和选测项目，包括铁、锰、总钾、有机质、总氮、有效磷、总磷、水分、总硒、有效硼、总硼、总钼、氟化物、氯化物、矿物油、苯并芘、全盐量的测量。

4. 监测方法

监测方法包括土壤样品预处理和分析测定方法两部分。其中分析测定方法常用的有原子吸收分光光度法、分光光度法、原子荧光光谱法、气相色谱法、电化学分析法及化学分析法等。电感耦合等离子体原子发射光谱（ICP-AES）分析法、X射线荧光光谱分析法、中子活化分析法、液相色谱分析法及气相色谱 - 质谱联用法（GC-MS）等近代分析方法在土壤监测中也已应用。

四、生态环境监测

1. 生态环境监测的任务

生态环境监测的基本任务是动态监测生态环境状况、变化以及人类活动引

起的重要生态问题。具体来说，生态环境监测的主要任务涉及以下几方面。

①监测人类活动影响下的生态环境的组成、结构和功能现状和动态，综合评估生态环境质量现状和变化，揭示生态系统退化、受损机理，同时预测变化趋势。

②监测自然资源开发利用活动、重要生态环境建设和生态破坏恢复工作所引起的生态系统的组成、结构和功能变化，评估生态环境受到的影响，以合理利用自然资源，保护生存性资源和生物的多样性。

③监测人类活动所引起的重要生态问题在时间以及空间上的动态变化，如城市热岛问题、沙漠化问题、富营养化问题等，评估其影响范围和不利程度，分析问题形成的原因、机理以及变化规律和发展趋势，通过建立数学模型，研究预测预报方法，探讨生态恢复重建途径。

④监测生态系统的生物要素和环境要素特征，揭示动态变化规律，评价主要生态系统类型服务功能，开展生态系统健康诊断和生态风险评估，以保护生态系统的整体性及再生能力。

⑤监测环境污染物在生物链中的迁移、转化和传递途径，分析和评估其对生态系统组成、结构和功能的影响。

⑥长期连续地开展区域生态系统组成、结构、格局和过程监测，积累生物、环境和社会等方面的监测数据，通过分析和研究，揭示区域甚至全球尺度生态系统对全球变化的响应，以保护区域生态环境。

⑦支撑政府部门制定与生态与环境相关的法律法规，建立并完善行政管理标准体系和监测技术标准体系，为开展生态环境综合管理奠定行政、法律和技术基础。

⑧支持国际上一些重要的生态研究及监测计划，合作开展生物多样性变化、多种空间尺度的生物地球化学循环变化、生态系统对气候变化及气候波动的响应以及人类－自然耦合系统等的监测与科学研究。

2. 生态环境监测的内容

生态环境监测的对象就是生态环境的整体。从层次上可将监测对象划分为个体、种群、群落、生态系统和景观等五个层次。生态环境监测的内容包括自然环境监测和社会环境监测两大部分，具体包括环境要素监测、生物要素监测、生态格局监测、生态关系监测和社会环境监测。

（1）环境要素监测

监测生态环境中的非生命成分，既包括气候条件、水文条件等自然要素的监测，也包括大气污染物、水体污染物、土壤污染物等人类活动影响下的污染物监测。

（2）生物要素监测

监测生态环境中的生命成分，既包括统计、调查和监测生物个体、种群、群落、生态系统等的组成和数量，也包括监测污染物在生物体中的迁移、转化和传递过程中的含量与变化。

（3）生态格局监测

监测一定区域范围内生物与环境构成的生态系统的组成、组合方式、动态变化以及空间分布格局等。

（4）生态关系监测

生态关系监测是指监测生物与环境相互作用及其发展规律。围绕生态演变过程、生态系统功能、发展变化趋势等开展监测和分析，既包括自然生态环境的监测，也包括受到干扰、污染的生态环境监测。

（5）社会环境监测

人类是生态环境的主体，但人类本身的生产、生活方式也会直接或间接地影响生态环境的社会环境部分，其反过来又会作用于人类本身。所以，对社会环境的监测，主要包括政治、经济、文化等方面，它也是生态监测的一项重要内容。

3. 生态环境监测的原理和方法

事实上，生态环境监测可以说是环境监测的深入与发展。由于生态系统本身的复杂性，很难全方位地监测生态系统的组成、结构、功能。随着生态学理论的完善，尤其是景观生态学的迅猛发展，为筛选生态监测指标、建立生态质量评价方法以及管理和调控生态系统提供了理论依据和系统框架。

生态系统生态学的研究领域涵盖自然生态系统的保护和利用、生态系统的调控机制、生态系统可持续发展问题等方面。景观生态学中的一些基础理论，如景观结构和功能原理、景观变化原理等，已经成为指导生态环境监测的基本思想。这些理论研究从宏观上揭示了生物与周围环境之间的关系和作用规律，为自然资源的有效保护和合理利用提供了科学依据，同时也为生态监测提供了理论基础。

在监测技术方法方面，由于生态监测具有较强的空间性，在实际监测工作中不仅需要使用传统的物理监测、化学监测和生物监测技术方法，更需要使用现代的遥感监测技术方法，同时结合先进的地理信息系统与全球定位系统等技术手段。

第五章　环境影响预测与评价要点

在人类的发展演变过程中，人类的生存环境扮演着十分重要的角色。人类不应该单纯地追求经济而去破坏环境，一定要让环境和经济结合，从而达到互利共赢的效果。针对环境影响预测与评价的相关要点做简要分析，有助于探讨出更好解决环境问题的具体措施。本章分为环境影响预测的方法、环境影响预测与评价主要内容、环境影响预测模型的选择三个部分，主要包括物理模型预测法、类比法、环境影响预测基本数学模型等内容。

第一节　环境影响预测的方法

一、数学模式预测法

数学模式预测方法主要是按照人们对预测对象认识的深浅，在时间域上，通过外推用统计、归纳的方法做出预测，一般称为统计模式；或采用某领域内的系统理论进行逻辑推理，通过数学物理方程求解，得出其解析解或数值解来做预测，所以又分为解析模式和数值模式两小类。随着计算机科学技术的发展，也开发出了一些基于上述预测模式的数学模型软件。

用于环境预测的数学模式主要用于水环境、大气环境和声环境影响预测。目前国内外已经具有多个成熟的用于地表水和地下水、大气环境和声环境影响预测的软件，大大减轻了计算工作量。

数学模式预测法在一定的计算条件下，对必要的参数、数据进行输入后能给出定量的预测结果。但在选用数学模式时必须注意在推导模式过程中所用的假设条件以及尺度分析是否合适，这些条件在一定程度上限制了模式的使用。如果实际情况无法使模式的应用条件得到很好的满足，即原型与模式在以上因素存在不同之处，应修正并验证模式，以尽量减少预测误差。而原型与模式在以上因素存在不同之处，这在一定程度上决定了模式的质量。

在确定模式参数时，一般可以采用类比、数值试验逐步逼近、现场测定和物理实验等方法。示踪剂测定法、照相测定法、平衡球测定法等最为常用。

输入数据的质量直接关系着预测的质量。输入数据包括源数据、环境数据和用于模式参数确定的原始测量数据等，在严格把控这些数据的质量的前提下方能得出准确可靠的预测结果。

二、物理模型预测法

1. 物理模型预测的关键

采用实物模型进行预测是物理模型预测法的最大特点。原型与模型的相似是物理模拟方法的关键所在。相似一般考虑几何相似、运动相似、热力相似与动力相似四个方面。

（1）几何相似

模型流场与原型流场中的地形地物的几何形状、对应部分的夹角和相对位置要相同，并要按相同比例缩小尺寸。对于大气扩散实验，一般使用 1/300 和 1/2 500 的缩尺模型。

（2）运动相似

模型流场与原型流场在各对应点上的速度方向相同，并且大小（如平均风速与湍流强度）按常数比例，如风洞模拟的模型流场的边界层风速垂直廓线、湍流强度要与原型流场相似。

（3）热力相似

模型流场的温度垂直分布类似于原型流场。

（4）动力相似

在对应点上，模型流场与原型流场受到的力的方向要一致，并且大小成比例。动力相似还应包含"时间相似"，即两个流场随时间的变化率可以不同（模型流场相比于原型流场可以加速或者减速），但所有对应点上的变化率必须相同（同时以相同的比例加速或减速）。由于流体运动受到的力多种多样，要使两个流场的动力学性质完全相似是不可能的。根据工程项目环境影响预测特点（小尺度、低速度、弱黏性），动力相似只需通过雷诺数、理查逊数、弗劳德数等无量纲数的分析，使模型流场的特征惯性力、特征湍流应力、特征热浮力与原型流场相等，即可保证两者相似。在此基础上进行污染物排放模拟，可做出复杂环境条件下的污染预测。此外，模型和原型中的污染物排放源的位置、形状和动力学特性也必须相似。

2. 物理模型的主要测试技术

（1）示踪物浓度测量法

野外现场示踪试验所用的示踪物和测试、分析方法从原则上讲，其在物理模拟中同样能够使用。

（2）光学轮廓法

按照一定的采样时段，对物理模拟形成的污气流、污气团、污水流拍摄照片，所得资料处理方法与野外资料处理方法相同。物理模型法定量化程度较高，可以充分反映比较复杂的环境特征，在不能利用数学模式法进行预测，而又要求预测结果定量精度较高时，应选用这种方法。但该方法需要有合适的试验条件和必要的基础数据，同时也需要相对较多的人力、物力和时间。所以，在实际环境影响评价工作中通常不采用此方法进行预测。

三、专业判断法

专业判断法也称专家咨询法。在需要进行环境影响预测时，一般会遇到数据和资料严重缺乏的情况，所以很难进行客观统计分析，也很难用数字模型的方式来定量某些环境因子，而某些因果关系太复杂，且没有适当的预测模型，这时只能采用主观预测方法。

召开专家会议，通过组织专家进行讨论，能够咨询一系列的疑难问题，并在此基础上进行预测。专家在认真思考问题时会较为全面、综合地运用其专业理论知识和实践经验，并进行类比分析和归纳、推理，从而给出该专业领域内的预测结果。

特尔斐法在专家咨询法中最有代表性。1964 年，美国兰德公司首次将其用于技术预测（也可用于识别、综合、决策）。此方法给了决策者以多方案选择的机会和条件。由于此方法经过了专家咨询这一环节，所以一般容易得出较为权威的结论。专家的选择是这一方法的关键所在。首先，一个专家集团应充分反映一个完整的知识集合；其次，要集中明确评价主题与涉及事件，紧紧围绕价值关系开展讨论和论证，不能对专家意见的充分发表施加不良影响，也不能在反馈材料中加入组织者自己的意见；最后，专家咨询结果的处理和表达方式也很重要，要统计专家意见的集中程度和协调程度。

但此方法主观性较强，工业项目一般不用此法，通常在生态项目中对难以定量的变化给予主观评价时才使用。

四、类比法

1. 类比分析方法技术要点

（1）选择合适的类比对象

在选择类比对象时，应该充分考虑工程和生态环境这两个方面。首先是工程方面。选择的类比对象应与拟建项目的性质相同，同时还要有类似的工程规模，其建设方式也应与拟建工程比较相似。其次是生态环境方面。最好要使类比对象与拟建项目属于一个生物地理区，同时地貌类型和生态环境背景也要相似。当然，最为理想的应该是可以在同一个或同类生态系统中有类比对象。

（2）选择可重点类比调查的内容

通常来讲，类比分析不会较为全面地比较和分析这两项工程，而往往会类比调查和分析某一个或某一类的问题，所以在选择类比对象时还应充分考虑类比对象对相应类比分析问题的有效性和深入性。例如，同一个河段所建的码头工程项目，后建项目发生风险事故的概率及源强可以类比该河段发生风险事故的统计资料或先建项目的环境影响报告书中的相应部分等。另外，还要明确类比调查的重点内容，并选择将其作为重点问题类比的对象，可以使盲目性大大减少。在环境影响评价中，应对类比选择条件做必要的阐述，并对类比对象与拟建对象的差异做必要的分析说明。

2. 类比调查方法

（1）资料调查

查阅既有工程环境影响报告书和既有工程竣工环境保护验收调查与监测报告，必要时可对既有工程所在地区的环境科研报告和环境监测资料进行参阅。

（2）公众参与调查法

通过访问一些公众和专家学者，调查、分析某一项既有工程或生产建设活动产生的影响，并充分了解公众对这种影响的态度、期望等。

3. 类比调查分析

（1）统计性分析

针对某一问题或某一指标，通过类比调查多个对象，然后进行统计分析，从而能够科学地评价拟建工程的某一问题或某一指标。

（2）单因子类比分析

针对某一问题或某一环境因子，通过监测和调查分析可类比对象，可取得有针对性的评价依据，从而能够科学地评价拟建项目的某一问题或某一环境因子。

（3）替代方案类比分析

出于减轻环境影响或克服重大环境影响考虑，来更好地提出替代方案，是有效贯彻和执行环境保护"预防为主""保护优先"政策的重要措施。替代方案类比分析和论证一般把不同的方案放在一起，通过类比分析不同的方案，比较设定的一组环境指标，并对各自的优劣进行分析，从而对某种可行的方案进行推荐和决策。

五、叠图分析与地理信息系统

1. 叠图分析

叠图分析法用于识别、预测、评价变量分布空间范围很广的开发活动，已有很长的历史，尤其适用于对生态环境影响大的项目评价。在环境影响评价工作中，该方法既可以用于环境影响预测，也可以用于环境影响综合评价。

叠图分析方法最早为手工作业，即在透明图片上绘出项目的位置和要考虑影响评价的区域和轮廓基图，并根据专家判断出的可能受项目影响的环境因素，绘制每一种要评价的因素受影响程度图，一般用一种专门的黑白色码的阴影的深浅来表示。最后把各种色码的透明片叠置到基片图上就可看出一项工程的综合影响。不同地区的综合影响差别由阴影的相对深度来表示。

叠图分析法简单易懂，有利于作出对环境影响较小的决策，它能很好地显示影响的空间分布。此外，叠图分析法在识别开发的最佳路线、比较替代方案、评价较大区域性开发中非常有用。随着现代计算机科学技术的发展，手工作业叠图已被计算机叠图技术取代。

2. 地理信息系统

地理信息系统（GIS）是基于地理空间数据库，在计算机软硬件的支持下，采集、管理、操作、分析、模拟和显示空间相关数据，并采用地理模型分析方法，实时提供多种空间和动态的地理信息，为地理研究和决策服务而建立的计算机技术系统。由此可见，GIS 具有强大的三维分析和显示能力。

GIS 广泛应用于环境研究的各个领域，环境影响评价是其主要应用的领域之一。GIS 在环境影响评价中既可以作为环境影响识别的方法，通过各种 GIS 技术中的叠图来识别项目对环境可能造成的影响范围、影响程度；也可以作为环境现状调查的手段，如拟建公路穿越区域植被现状及覆盖情况如何（利用人工调查很难搞清楚）、土地占用类型如何和占用面积多少等，还可以作为综合评价环境影响与环境质量的方法。

（1）GIS 在建设项目环境影响评价中的应用

①环境监测。通过 GIS 技术既能设计环境监测网络，又能储存和显示环境监测收集的信息，并详细监测和分析所选评价区域。

②环境质量现状与影响评价。GIS 可以集成与建设项目有关的各种数据及用于环境评价的各种模型，具有较强的综合分析、模拟和预测能力，适合作为环境质量现状分析和辅助决策的工具，并能根据用户的具体要求来充分分析各种评价结果、报表和图形等，以便更好地对污染物空间分布的规律性加以了解。

（2）GIS 在评价与战略环境评价中的应用

GIS 可以有效管理一个大区域复杂的污染源信息、环境质量信息及其他有关方面的信息，并能统计和分析区域环境影响诸因素的变化情况等；GIS 能够对地理对象进行叠置，对同一区域不同时段的多个不同的环境影响因素及其特征进行特征叠加，并充分分析区域环境质量演变与其他因素之间的相关关系，从而能够更好地预测区域的环境质量。

累积效应影响评价（CIA）和战略环境评价（SEI）是更主动的反映方式和环境管理手段，它们不仅在一定程度上拓展了时空分析的范围，还充分强调了环境变化的时空放大作用，所以其在很大程度上对评价方法的能力提出了相应的要求。GIS 具有编辑、加工和评价长时段、大地理区域数据的能力及卓越的建模和影响预测能力，能够对环境影响在时空上的累积特征加以识别和分析，所以其为进行累积效应影响评价和战略环境评价提供了可操作方法。

（3）GIS 在环境影响后评价中的作用

环境影响后评价在一定程度上延续了环境影响评价，其目的在于更好地检验环境影响评价的准确性，并使措施的有效性得到持续。通过 GIS 强大的空间数据管理、更新和跟踪能力及空间分析能力，对环境影响评价结果进行事后验证。

第二节　环境影响预测与评价主要内容

一、大气环境影响预测与评价主要内容

大气环境影响预测的主要目的，是为建设项目在建设期或运行期对大气环境的影响评价提供可靠和定量的基础数据。预测工作通常是在工程分析、环境空气质量现状调查，以及局域气象调查的基础上，根据建设项目的工程特点和大气环境影响评价工作等级，预测与评价建设项目对评价范围内大气环境的影响。

1. 大气环境影响预测与评价的内容及要求

（1）要完成建设项目对大气环境的影响预测与评价

了解建设项目建设期或建成后的运行期对大气环境质量影响的程度和范围；给出各类或各个污染源对评价区域污染物浓度的贡献；优化城市或区域的污染源布局以及对其实行总量控制。

（2）预测建设项目对评价范围内环境空气敏感区的影响

预测分析内容主要包括：代表性气象条件下的最大落地浓度及距源距离；对环境空气保护目标或敏感区的影响；进行无组织排放浓度影响预测，并对卫生防护距离加以计算。

2. 大气环境影响预测与评价的一般步骤

（1）确定预测因子

预测因子应根据评价因子而定，选取有环境空气质量标准的评价因子作为预测因子。

（2）确定预测范围

预测范围应充分覆盖评价范围，还应考虑污染源的排放高度、评价范围的主导风向、地形和周围环境敏感区的位置等。在计算污染源影响评价范围的程度时，一般取东西向为 X 坐标轴、南北向为 Y 坐标轴，项目位于预测范围的中心区域。

（3）确定计算点及污染源计算清单

应选择所有的环境空气敏感区中的环境空气保护目标作为计算点。因此，计算点可以是环境空气敏感区和预测范围内的网格点。污染源计算清单可以按点源、面源、体源和线源分布进行统计列表。

（4）确定气象条件

根据建设项目特征污染物浓度预测要求，选择对应的气象条件。对所有计算点，均须采用长期气象条件和选择污染最严重的典型小时气象条件或典型日气象条件。对于需要预测小时平均浓度时，则需进行逐时或逐次计算；对于需要预测日平均浓度时，则需进行逐日平均计算。

（5）确定地形数据

根据建设项目所处的地形特征（简单地形和复杂地形），确定预测模式所需的地形数据。地形数据的精度应结合评价范围及预测网格点的设置进行合理选择。

（6）确定设定预测情景

可以根据预测内容设定预测情景。预测情景的设定通常从污染源类别、排放方案、预测因子、气象条件和监测点这几个方面确定。

（7）选择预测模式

通常采用《环境影响评价技术导则 大气环境》（HJ 2.1—2016）中推荐的模式进行预测，并说明选择模式的理由。选择模式时，应结合模式的适用范围和对参数的要求进行合理选择。

（8）确定模式中的相关参数

在进行大气环境影响预测时，需要根据预测因子的物理和化学性质，确定预测模式中的有关参数。对于排放到大气环境后会发生二次反应的特征污染物，如硫氧化物和氮氧化物，在计算 1 h 平均浓度时，可不考虑 SO_2 的转化，而在计算日平均或更长时间平均浓度时，则需要考虑 SO_2 的化学转化，此时 SO_2 的转化可取半衰期为 4 h。对于在计算固定源排放氮氧化物浓度时，如计算小时或日平均浓度时，可以假定 NO_2/NO_x 排放比例为 90%；在计算其年平均浓度时，可以假定 NO_2/NO_x 排放比例为 75%。而在计算移动源（如机动车）排放 NO_2 和 NO_x 比例时，应根据不同车型的实际情况而定。对于污染源排放的颗粒物浓度，不仅需要考虑颗粒物的粒径大小，还需要考虑重力沉降的影响。

（9）进行大气环境影响预测与评价

上述几项内容确定后，可以进行大气环境影响预测与评价。

3. 大气环境影响预测与评价中多源叠加技术要求

采用数学模式可以计算出建设项目的特征污染物在一定的污染气象条件下某个计算点的预测浓度值，但这不是环境空气中该特征污染物的真实浓度，因此，需要在计算预测的基础上，叠加某计算点的环境空气现状值，具体要求如下。

（1）一级评价项目可按下述规定执行

①计算该建设项目每期建成后各大气污染源的地面浓度，并在计算点上进行叠加。

②对于必须扩建项目，还应计算现有全部大气污染源的叠加地面浓度。

③对于评价区的其他工业和民用污染源以及界外区的高大点源，应尽量叠加其地面浓度。

如果很难获得上述污染源的调查资料或其浓度监测值远小于大气质量标准时，也可将其监测数据作为背景值进行叠加。

（2）二级和三级评价项目

二级和三级评价可以参照一级评价中的第①和②点的要求；对于一级评价的第③点，则可以采用以监测数据作为背景值对浓度进行叠加处理。

二、水环境影响预测与评价主要内容

建设项目地面水环境影响预测是地面水环境影响评价的中心环节，其任务是通过一定的技术方法，预测建设项目在不同实施阶段对地面水环境的影响，为采取相应的环保措施及环境管理方案提供依据。

1. 水环境影响预测与评价准备

（1）预测条件的确定

①预测范围：地面水环境影响预测的范围与地面水环境现状调查的范围相同或略小（特殊情况也可以扩大）。

②预测点的确定：已确定的敏感点；环境现状监测点，以利于进行对照；水文条件和水质突变处的上、下游附近；在河流混合过程段选择几个代表性断面；排污口下游可能出现超标的点位附近；混合过程段和超标范围的预测点可以互用。

此外，当拟预测溶解氧时，应测量最大氧亏点的位置及该点的浓度，但是分段预测的河段不需要测量最大氧亏点。排放口附近常有局部超标区，如有必要可在适当水域增加预测点，以便确定超标区的范围。

③预测时期。地面水预测时期分丰水期、平水期和枯水期三个时期。一般来说，枯水期河流自净能力最小，平水期居中，丰水期自净能力最大。但有的水域因非点源污染严重，可能使丰水期水质不如平水期和枯水期。因此，对一、二级评价项目应预测水域自净能力最小时期的环境影响。对于冰封期较长的水域，当其作为生活饮用水、食品工业用水时，还应预测水域冰封期的环境影响。三级评价或评价时间较短的二级评价可只预测水域自净能力最小时期的环境影响。

④预测阶段。所有拟建项目均应预测生产运行阶段对地面水体的影响，并按正常排污和非正常排污（包括事故）两种情况进行预测。对于建设过程超过一年的大型建设项目，如产生流失物较多且受纳水体要求水质级别较高（在Ⅲ类以上）时，应进行建设阶段的环境影响预测。有的建设项目还应按照其性质、评价等级、水环境特点以及当地的环保要求，预测服务期满后对水体环境的影响。

（2）预测方法的选择

预测建设项目对水环境的影响，应尽量利用成熟、简便并能满足评价精度和深度要求的方法。

①定性分析法。定性分析法包括专业判断法和类比调查法两种方法。首先，专业判断法是根据专家经验推断建设项目对水环境的影响。运用专家判断法、德尔菲法有助于更好地发挥专家的专长和经验。其次，类比调查法是参照现有相似工程推断拟建项目对水环境的影响。该法要求拟建项目和现有工程的污染物来源、性质和受纳水体情况相似，但实际的工程条件和水环境条件往往与拟建项目有较大差异，因此，类比调查法给出的是拟建项目影响大小的估值范围。定性分析法具有省时、省力、耗资少等优点，并且在某种情况下也可给出明确的结论。例如，分析判断建设项目对受纳水体的影响是否在功能和水质要求允许范围之内，或肯定产生不可接受的影响等。定性分析法主要用于三级和部分二级的评价项目，或解决目前尚无定量预测方法的问题（如有毒物质在底泥中的释放、积累等），或由于无法取得必要的数据开展数学模型预测等情况。

②定量预测法。定量预测法常指应用物理模型和数学模型预测建设项目对水环境的影响。

2. 水体和污染源的简化

自然界的水体形态和水文、水力学要素比较复杂，而不同等级的评价各有不同的精度要求。为了减少预测的难度，可在满足精度要求的基础上对水体边界形状进行规则化，对水文、水力学要素做适当的简化最终完成对污染源的简化，以达到使用比较简单的方法进行预测的目的。

（1）地面水环境的简化

①河流简化。河流可以简化为矩形平直河流、矩形弯曲河流和非矩形河流。河流的断面宽深比大于等于 20 时，可视为矩形河流。小河可以简化为矩形平直河流；大、中河流预测河段弯曲较大时可视为弯曲河流；大、中河流断面水深变化很大，且评价等级较高时，可以视为非矩形河流并应调查其流场，其他情况均可简化为矩形河流。河流水文特征或水质有急剧变化的河段，可在急剧变化之处分段，对各段分别进行环境影响预测。河网按不同情况分段进行环境影响预测：评价等级为三级时，江心洲、浅滩等均可按无江心洲、无浅滩的情况对待；江心洲位于充分混合段，且评价等级为二级时，可以按无江心洲对待；评价等级为一级且江心洲较大时，可以分段进行环境影响预测。

②河口简化。河口包括河流感潮段、河流汇合部、河流与湖泊、水库汇合

部等。其中河流感潮段是指受潮汐作用影响较明显的河段，可以将其落潮时最大断面平均流速与涨潮时最小断面平均流速之差等于 0.05 m/s 的新断面作为其与河流的界限，并将其简化为稳态进行环境影响预测。河流汇合部可以分为支流、汇合前主流、汇合后主流三段，可以分别对各段进行环境影响预测。小河汇入大河时可以把小河看成点源，河流与湖泊、水库汇合部可以按照河流和湖泊、水库两部分分别预测其环境影响。

③湖泊、水库简化。在预测湖泊、水库环境影响时，可以将湖泊、水库简化为大湖（库）、小湖（库）、分层湖（库）三种情况。评价等级为一级时，中湖（库）可以按大湖（库）对待，停留时间较短时也可以按小湖（库）对待；评价等级为二级时，如何简化可视具体情况而定；评价等为三级时，中湖（库）可以按小胡（库）对待，停留时间很长时也可以按大湖（库）对待。水深大于10 m 且分层较多（如大于 30 m）的湖泊、水库可视为分层湖（库）。不存在大面积回流区和死水区且流速较快，停留时间较短的狭长湖泊可简化为河流，其岸边形状和水文要素变化较大时还可以进一步分段。

④海湾简化。预测海湾水质时一般只考虑潮汐作用，不考虑波浪作用。一级评价且海流作用较强时可以考虑海流对水质的影响，这时的海流可以简化为平面二维非恒定流场。三级评价可以只考虑潮汐周期的平均情况，较大的海湾交换周期很长，可以视为封闭海湾。

（2）污染源的简化

除了工程项目的污染源外，对评价目标涉及的其他污染源也需要进行必要的调查，以弄清污染源的类型、数量、分布以及对地面水质的影响。它包括生活污水、工业废水、家庭污水、农业退水等。对于通航河流要了解船舶排污情况。污染源分析可采用简化方法。污染源简化包括排放形式的简化和排放规律的简化。根据污染源的具体情况，排放规律表现为连续恒定排放和非连续恒定排放。在地面水环境影响预测中，通常可以把排放规律简化为连续恒定排放；排放形式可简化为点源和面源。排入河流的两排放口的间距较近时，可以简化为一个，其位置假设在两排放口之间，其排放量为两者之和。两排放口间距较远时，可分别单独考虑。排入小湖（库）的所有排放口可以简化为一个，其排放量为所有排放量之和。排入大湖（库）的两个排放口间距较近时，可以简化成一个，其位置设在两个排放口之间，其排放量为两者之和。两个排放口间距较远时，可分别单独考虑。无组织排放可以简化成面源。从多个间距很近的排放口排水时，也可以将其简化为面源。

三、生态环境影响预测与评价主要内容

生态环境影响预测与评价的内容应与现状评价内容相对应，依据区域生态保护的需要和受影响的生态系统的主导生态功能选择评价预测指标。

①评价工作范围内涉及的生态系统及其主要生态因子的影响评价。通过分析影响作用范围、强度和持续时间来判断生态系统受影响的范围、强度和持续时间；通过预测生态和服务功能的变化趋势来判断其中的不利影响、不可逆影响和累积生态影响。

②敏感生态保护目标的影响评价。应在明确保护目标的性质、特点、法律地位和保护要求的情况下，分析评价项目的影响途径、影响方式和影响程度，并预测潜在的后果。

③预测评价项目对区域现存主要生态问题的影响趋势。生态影响预测与评价方法应按照评价对象的生态学特性，在调查、判定该区主要的、辅助的生态功能以及完成功能必需的生态过程的基础上，采用定量分析与定性分析相结合的方法进行预测与评价。

四、噪声环境影响预测与评价主要内容

1. 噪声环境影响预测与评价需要掌握的基础资料

噪声环境影响预测与评价需要掌握的基础资料，主要包括：建设项目的建筑布局和声源资料、声波传播条件，以及有关气象参数等；预测范围与所确定的评价范围相同，也可稍大于评价范围；建设项目厂界（或场界、边界）和评价范围内的敏感目标应作为预测点；预测时要说明噪声源声级数据的具体来源，包括类比测量的条件和相应的声学修正，或是直接引用的已有数据资料；选用恰当的预测模式和参数进行影响预测计算，说明具体参数选取的依据、计算结果的可靠性及误差范围；按工作等级要求绘制等声级线图。

2. 预测点噪声级计算的基本步骤和方法

选择一个坐标系，确定各声源位置和预测点位置（坐标），并根据预测点与声源之间的距离把声源简化成点声源或线状声源、面声源。在噪声环境影响评价中，因为声源较多，预测点数量比较大，因此常用电脑完成计算工作。各类声源的预测模型可参考《环境影响评价技术导则 声环境》（HJ 2.4—2009）的有关内容。

3. 噪声环境影响预测与评价基本要求和方法

噪声环境影响预测与评价基本要求和方法包括：对项目建设前环境噪声现状进行评价；对受影响人口的分布状况加以分析；为有效降低环境噪声，评价必须增加或调整与本工程相适应的噪声防治措施，并分析其经济、技术的可行性；提出针对该项工程有关环境噪声监督管理、环境监测计划和城市规划方面的建议。

五、土壤环境影响预测与评价主要内容

开发行动或建设项目的土壤环境影响评价从预防性环境保护的目的出发，按照建设项目的特征与开发区域的土壤环境条件，通过监测和识别各种污染物和破坏因素对土壤可能产生的影响，提出避免、消除和减轻土壤受侵蚀与污染的对策，为行动方案的优化决策提供依据。预测开发项目在建设中及投产后对土壤的污染状况，必须分析土壤中污染物的累积因素和污染趋势，建立土壤污染物累积和土壤容量模型，计算主要污染物在土壤中的累积或残留数量，预测未来的土壤环境质量状况和变化趋势。

1. 土壤环境影响预测主要内容

（1）土壤中污染物累积和污染的预测

①土壤污染物的输入量。土壤污染物的输入量取决于评价区原有污染源排入土壤的各种污染物的数量和建设项目新增加的土壤污染物数量的总和。因此，对土壤污染物输入量的计算，除必须进行污染源现状调查外，还应收集建设项目工程分析的"三废"排放类别和数量的资料，并分析、计算其中可能进入土壤的途径、形态和数量。

②土壤污染物的输出量。土壤污染物的输出包括随土壤侵蚀的输出、随作物吸收的输出、随淋溶作用的输出和随物质的降解转化的输出等多种途径，必须根据不同途径计算输出量。

③土壤污染物的残留率。土壤污染物的残留率是指输入土壤中的污染物，通过土壤侵蚀、作物吸收、淋溶和降解等输出后保留在土壤中的污染物的残留浓度值（用实测值减去本底值）占污染物年输入量的百分比。

④土壤污染的趋势预测。土壤污染的趋势预测是指根据土壤中污染物的数量与输出量之比，说明土壤是否被污染和污染的程度，或根据土壤污染物的输入量和残留率的乘积，说明污染状况及污染程度，也可以根据污染物输入量和土壤环境容量比较说明污染积蓄及趋势。

（2）土壤资源破坏和损失预测

土壤资源破坏和损失是指随着建设项目的实施，不可避免地要占据、破坏或淹没部分土地，特别是在生态脆弱地区，建设项目可能引起极度的土壤侵蚀，从而有可能造成一些土壤功能丧失和破坏。土壤资源破坏和损失的预测一般采用类比法，分为两步：首先，对土地利用类型进行现状调查，并将调查结果绘成土地利用类型图；其次，预测建设项目造成的土地利用类型的变化和损失。预测内容包括：占用、淹没、破坏土地资源的面积；因表层土壤被过度侵蚀造成的土地废弃面积；因地貌改变而损失和破坏的土地面积，包括地表塌陷、沟谷堆填、坡度变化等；因严重污染而废弃或改为其他用途的耕地面积。

2. 土壤环境影响评价主要内容

①拟建项目造成的土壤侵蚀或水土流失是否明显违反了国家的有关法规。例如，某矿山建设项目造成的水土流失十分严重，而水土保持方案不足以显著防治土壤流失，则可判定该项目的负面影响重大，这在环境保护方面，至少土壤环境保护方面是不可行的。

②影响预测值与背景值叠加后是否超过土壤环境质量标准。例如，某拟建化工厂排放有毒废水使土壤中的重金属含量超过土壤环境质量标准，则可判断该项目废水排放对土壤环境的污染影响是重大的。

③利用分级型土壤指数，计算对应土壤基线值和叠加拟建项目影响后的指数值，判断土壤级别是否降低。如果土壤级别降低（如基线值为轻度污染，受拟建项目影响后为中度污染），则表明该项目的影响重大；如果仍维持原级别，则表示影响不十分显著。

第三节　环境影响预测模型的选择

一、环境影响预测基本数学模型

1. 污染物在环境介质中的运动特征

（1）污染物迁移扩散作用类型

污染物进入流体后，会在流体中迁移和扩散。根据自然界流体运动的不同特点，污染物可形成不同形式的迁移扩散类型。例如，在河流中，污染物的迁移扩散可分为推流迁移和分散作用。分散作用又可分为分子扩散、湍流扩散和弥散。

①推流迁移。推流迁移是指污染物在气流或水流作用下产生的转移作用。推流作用只改变污染物所在位置，并不能降低污染物的浓度。

②分散作用。污染物在气流或水流中的分散作用包括三个方面的内容：分子扩散、湍流扩散和弥散。

A. 分子扩散。分子扩散是由分子的随机运动引起的质点分散现象。分子扩散过程符合菲克第一定律，即分子扩散的质量通量与扩物质的浓度梯度成正比。

B. 湍流扩散。湍流扩散，又叫紊流扩散，是在满流流场中质点的各种状态的瞬时值相对于其平均值的随机脉动而导致的分散现象。当流体质点的湍流瞬时脉动速度为稳定的随机变量时，湍流扩散规律可以用菲克第一定律表述。

C. 弥散。弥散作用是由于横断面上实际的流速分布不均匀引起的分散作用，在用断面平均流速描述实际的污染物迁移扩散时，就必须考虑一个附加的、由流速不均匀引起的作用——弥散作用。弥散作用只有在取湍流时平均值的空间平均值才体现出来。弥散作用所导致的质量通量也可以仿照菲克第一定律来描述。

（2）污染物的衰减和转化

一般可以将进入水环境中的污染物分为保守性物质和非保守性物质两大类。保守性物质进入水环境以后，随着水流的运动，仅发生推流迁移和分散作用而使其初始浓度大为降低，但不会因此使污染物的总量得到相应的改变。重金属和很多高分子有机化合物都属保守性物质。非保守性物质进入水环境以后，除了随水流流动发生迁移扩散外，还因自身衰变或由于化学、生物化学作用不断减少其物质的总量。放射性物质就属于非保守性物质。

2. 定解问题的建立

（1）定解问题的构成

定解问题通常是由微分方程或方程组和定解条件构成的，而定解条件又包括初始条件和边界条件。只有将微分方程或方程组和定解条件有机结合，才能求出具体污染物迁移扩散模拟预测问题的解。定解问题的构成可以概括为污染物迁移扩散基本微分方程或方程组。

（2）定解问题求解需提供的信息

①符合实际环境问题的微分方程或方程组。

②方程中的有关参数，如湍流扩散系数、弥散系数等。

③污染物迁移扩散的范围，有些问题的边界可以是无限的。

④初始条件，研究非稳定污染物迁移扩散问题，用来表示初始状态。

⑤边界条件，研究开发地区与周围环境的相互制约关系，污染物浓度或迁移量在边界上应满足的条件。

111

二、环境影响预测模型的选择

1. 大气环境影响预测模型的选择

（1）预测模型选择

首先，选择环境空气影响预测模型，应按污染源信息的确定性程度进行选择。对于开发区已建成运行的排污单位，由于已经确定其污染源特征等信息，可以对《环境影响评价技术导则 大气环境》（HJ 2.2—2018）提供的预测模型加以采用，能够获取准确的浓度预测值；对于仅有产业规划，而入驻企业数量、排放特征不明确的开发区环境空气影响预测最好采用箱式模型。

其次，对于不能明确开发区大气污染源源强的情形，可按照工业园确定的主导产业及经济目标来确定污染源的排放特征，通过万元产值排污量来确定排污量。

最后，要预测分析开发区能源结构、产业构成等不同方案及不同开发区布局的环境空气影响，以便从环保角度确定最终开发区能源结构、产业发展方向和开发区布局等。

（2）大气环境影响预测方法及选用原则

一般来讲，可以将预测方法分为物理方法、经验方法和数学方法三大类。物理方法是指利用风洞或水槽等实验设备和模拟手段，给出预测结果的方法。这类模拟的过程较复杂，不仅对专业人员的水平提出了较高的要求，而且也对专门的设备提出了相应的要求。物理模拟可以对复杂地形、多个相邻排放源等问题进行模拟。经验方法是在对历史资料加以统计和分析的基础上，与未来的发展规划相结合来进行预测的。数学方法是指利用数学模式进行计算或模拟。近年来，随着计算机技术的迅猛发展，已经普遍应用数学方法进行大气环境影响预测。

总的来说，大气环境影响预测通常采用大气扩散数学模式的方法进行预测。主要的大气扩散模式有高斯模式、萨顿模式等。高斯模式在工程和环境影响评价实践中应用的最普遍。目前，进行大气环境影响预测的模式通常采用《环境影响评价技术导则 大气环境》（HJ 2.2—2018）中推荐的模式进行预测。

2. 水环境影响预测模型的选择

（1）水质模型标定与检验的概念

水质模型的标定与检验，实际上是实测的水质数据与模型计算的水质分布的比较。这些"比较"所包括的内容和条件如下。

①各实测的水质数据系列与根据其相应条件（如污染负荷、流量、水温等）计算的水质数据（所有重要的水质组分）的比较。

②对于所有的水质数据系列和取得某一数据系列的所有河段，均应使用相同的负荷组分、速率系数和输移系统。

③负荷、源、汇、反应速率和输移在时间上和在空间位置上应该是长期不变的，除非系统的变量是与所定义的过程相互联系的，或者是能直接测量的（如流量、水温等）。

④要有两个或更多的相似条件下的计算水质浓度和实测水质浓度的比较。

⑤必须在将来的计算中将使用的时间和空间尺度进行比较。

最后一条的含意是稳态、准稳态和动态模型的计算水质必须与相对应的实测水质数据进行比较。

（2）水质模型的标定

利用选择的水质模型，对各实测水质数据相对应的污染负荷、流量和水温条件进行水质计算，调整反应速率和第Ⅱ类污染负荷的数值，使计算值与实测值相符并得到一组一致性的模型参数。在水质模型的标定中，计算值与实测值的比较常用统计特性分析来进行。常用的三个方法包括平均值的比较法、回归分析法和相对误差法。

（3）水质模型的检验

水质模型的检验是利用与标定模型所用的数据无关的污染负荷、流量和水温资料进行水质计算，验证模型计算的结果与现场实测数据是否能较好地相符。同样，要求使用上述统计特性参数来进行实测数据和计算结果之间的比较。检验模型与标定模型所用的实测资料是无关的。在许多情况下，要求在标定模型后进行模型检验所需要的现场实测和数据收集工作。在模型检验中要求考虑水质参数（速率）的灵敏度分析。灵敏度分析主要是检验水质参数的适用条件。

在灵敏度分析中，给予对水质计算结果较敏感的系数值一个微小扰动，对各组次实测水质的污染负荷、流量、水温条件进行水质计算，比较计算值与实测值。如果计算值与实测值之间有相对均匀的偏离，通常就说明在模型标定时确定的这些系数适用于较大范围的污染负荷、流量和水温条件下的水质计算；如果计算值有很明显的变化或没有变化，则需要再进行多组次的污染负荷、流量和水温条件下的实测值和计算值的比较，以确定合适的系数值。一般来说，在模型检验时，不要调整反应速率和第Ⅰ类污染源数值。如果需要调整这些参数，则应该重新进行模型的标定工作。

（4）水环境影响预测模型的选用条件

①预测水质因子的筛选方法。建设项目实施过程各阶段拟预测的水质参数应按照工程分析和环境现状、评价等级、当地的环保要求筛选和确定。拟预测水质参数的数目应既说明问题又不过多，一般应比环境现状调查水质参数的数目少一些。建设过程、生产运行、服务期满后各阶段均应按照各自的具体情况对其拟预测水质参数加以确定，彼此不一定相同。按照上述原则，在环境现状调查水质参数中对拟预测水质参数加以选择。

②确定水环境影响预测条件。

A.筛选拟预测的水质参数：按照工程分析和环境现状、评价等级、当地的环保要求筛选和确定。

B.拟预测的排污状况：分正常排放、不正常排放两种情况进行预测，两种情况均须确定污染物排放源强、位置及方式。

C.预测的设计水文条件：预测时应考虑水体自净能力不同的多个阶段，如枯水期、丰水期、冰封期。

D.水质模型参数和边界条件（或初始条件）：确定参数的方法有实验测定法、经验公式估算法、模型实定法、现场实测法等。对于稳态模型需要确定预测计算的水动力、水质边界条件；对动态模型或模拟瞬时排放、有限时段排放的模型，还须确定初始条件。

③河流水环境影响预测方法。

A.数学模式法。此法利用表达水体净化机制的数学方程对建设项目引起的水体水质变化进行预测。数学模式法能给出定量的预测结果，但需一定的计算条件和输入必要的参数。这种方法在一般的环境影响评价技术方法下比较简便，所以应首先考虑。在对教学模式加以选用时，要充分关注模式的应用条件，如果实际情况无法使模式的应用条件得到很好满足而又拟采用时，要及时修正并验证数学模式。污染物在水中的净化机制，在很多方面尚不能用数学模式表达。

B.物理模型法。此法按照相似理论，在一定比例缩小的环境模型上进行水质模拟实验，以预测由建设项目引起的水质变化。物理模型法拥有相对较高的定量化程度，且再现性能良好，可以充分反映那些比较复杂的环境特征，但需要有合适的试验条件和必要的基础数据，且在制作复杂的环境模型时同样需要相对较多的人力、物力和时间。在无法通过数学模式法预测而又要求预测结果具有较高的定量精度时，可以选用这一方法。但这一方法很难在实验中模拟污染物在水中的化学、生物净化过程。

C.类比分析法。此法用于调查与建设项目具有相似性质且纳污水体规模、流态、水质也相似的工程，一般可以按照调查结果来分析预测项目的水环境影响。类比分析法的预测结果属于半定量性质。如果由于评价工作时间较短等原因，无法获取充足的参数和数据时，可通过类比法对所需的若干数据、参数进行计算。

D. 湖泊、河口水环境影响预测方法。湖泊水环境影响预测方法包括：湖泊水质箱模式；湖泊富营养化预测模型。河口水环境影响预测方法包括：潮汐河流一维水质预测模式；潮汐河口二维水质预测模式。

（5）水质数学模式参数的确定方法

河流水质参数的确定方法包括：单参数测定方法、多参数优化法、沉降系数 K_3 和综合消减系数 K 的估值方法等。

①单参数测定方法。单参数测定方法包括耗氧系数 K_1 的单独估值方法、混合系数示踪试验测定法等。

A. 耗氧系数 K_1 的单独估值方法主要使用实验室测定法，其试验数据的处理建议采用最小二乘法或作图法。

B. 混合系数示踪试验测定法是向水体中投放示踪物质，追踪测定其浓度变化，据以计算所需要的各环境水力学参数的方法。

示踪物质有无机盐类（NaCl、LiCl）、荧光染料（如工业碱性玫瑰红）和放射性同位素等。选择示踪物质应满足以下要求：在水体中不沉降、不降解、不产生化学反应；测定简单准确；不会危害环境。示踪物质的投放方式可分为瞬时投放、有限时段投放和连续恒定投放三种投放方式。

②多参数优化法。多参数优化法是根据实测的水文、水质数据，利用优化方法同时确定多个环境水力学参数的方法。此方法也可以只确定一个参数。用多参数优化法确定的环境水力学参数是局部最优解，当要确定的参数较多时，优化的结果可能与其物理意义差别较大。为了提高解的合理性，可以采取以下措施：根据经验限制各环境水利学参数的取值范围，确定初值；降低维数，可使用其他方法确定的参数，尽量用其他方法确定多参数优化法所需要的数据。

③沉降系数 K_3 和综合消减系数 K 的估值方法。K_3 的估值可以参考耗氧系数 K_1 的单独估值方法和多参数优化法。

3. 生态环境影响预测模型的选择

随着人类社会的发展，全球生态系统受到人类活动的影响，因此，人们需要监测生态系统并预测其发展趋势。

针对生态系统的状态监测与预测问题，可采用能量守恒的生态系统模型。

其优点是可以通过定性和定量的方式来分析各种环境影响因素，获得生态系统的状态信息，同时预测生态系统在未来的发展趋势，并最终向决策者提供实施环境保护措施的依据，实用价值较高。

4. 噪声环境影响预测模型的选择

等效声级计算模型是基于等效声级的基本公式推演而来的，具有严谨的理论性，广泛应用于新线工程和既有线改建工程环境影响评价的噪声预测评价。既有线监测表明，铁路车站、段两侧区域机车鸣笛是主要的噪声源，形成这种状况的原因是列车除按《中华人民共和国铁路技术管理规程》进行必不可少的鸣笛外，出于安全的考虑以及其他因素，列车在运行过程中还存在着大量的随机性鸣笛，而这种随机性则不是该模型所能包容的，往往评价者进行预测计算时仅按《中华人民共和国铁路技术管理规程》的规定考虑，因而预测值可能偏低。

预测模型多用于既有线改建工程的环境影响评价，如电气化改造工程、单线改复线工程。通过监测既有线改建工程获得大量现状信息后，用公式可方便地预测出改建后的噪声值，但所预测的噪声值并不精确，主要是由于该公式四个假定条件的约束存在缺陷：工程改建的目的就是提高通过能力，而加快运行速度是提高运力的重要手段，况且铁路提速已是大势所趋，因而建设前后列车通过速度不变的前提是牵强的；电气化技改或复线工程均难以避免交路的改变和站场作业的改善，从而产生机车鸣笛状况的改变；在铁路噪声影响不到的区域，工程前后声环境的好坏取决于社会背景，预测出的值实际上是不能成立的；在受铁路噪声干扰的区域，工程前后干扰增降幅度与受声点和线路的距离有关，不完全是线性关系。

第六章　污染防治措施及环境管理要点

随着经济和贸易的全球化，在全球范围内都不同程度地出现了环境污染问题。环境污染会给生态系统造成直接的破坏和影响。针对污染防治措施及环境管理的相关内容展开研究，有助于打好污染防治攻坚战。本章分为污染防治措施可行技术、污染物排放总量控制要求、环境管理与监测三个部分，主要包括工业废水处理技术概述、固体废物污染控制概述、建设项目环境管理概述等内容。

第一节　污染防治措施可行技术

一、工业废水处理技术概述

根据作用原理一般可以将现代废水处理技术分为四大类，即物理法、化学法、物理化学法和生物法。物理法是利用物理作用来对废水中的悬浮物或乳浊物进行分离。化学法是通过化学作用去除废水中的溶解物质或胶体物质。物理化学法是通过物理化学作用去除废水中溶解物质或胶体物质。生物法是利用微生物代谢作用，使废水中的有机污染物和无机营养物转化为稳定、无害的物质。

1. 废水的物理化学处理

（1）格栅

格栅的主要作用是去除会阻塞或卡住泵、阀及其机械设备的大颗粒物等。格栅的种类有粗格栅、细格栅。粗格栅的间隙为 40 ～ 150 mm，细格栅的间隙范围在 5 ～ 40 mm。

（2）调节池

为尽可能减小或控制废水水量的波动，可在处理废水之前，设调节池。根据调节池的功能，调节池分为均量池、均质池、均化池和事故池。

（3）沉砂池

一般将沉砂池设置在泵站和沉淀池之前，用来分离废水中密度较大的砂粒、灰渣等无机固体颗粒。

（4）沉淀池

在废水一级处理中沉淀是主要的处理工艺，其作用是去除悬浮于污水中可沉淀的固体物质。处理效果基本上取决于沉淀池的沉淀效果。根据池内水流方向，沉淀池可分为平流沉淀池、辐流式沉淀池和竖流沉淀池。在二级废水处理系统中，沉淀池有多种功能：在生物处理设备前设初沉池，可减轻后续处理设施的负荷，保证生物处理设施功能的发挥；在生物处理设备后设二沉池，可分离生物污泥，使处理水得到澄清。

（5）隔油池

采用自然上浮法去除可浮油的设施，称为隔油池。常用的隔油池有平流式隔油池和斜板式隔油池两类。平流式隔油池的结构与平流式沉淀池基本相同。

（6）中和处理

中和适用于酸性、碱性废水的处理，应遵循以废治废的原则，并考虑资源回收和综合利用。一般来说，如果酸、碱浓度在 3% 以上则应考虑综合回收或利用；酸、碱浓度在 3% 以下时，因回收利用的经济意义不大，才考虑中和处理。在中和后不平衡时，考虑采用药剂中和。酸碱废水相互中和一般在混合反应池内进行，池内设有搅拌装置。一般在混合反应池前设均质池，以确保两种废水相互中和时，水量和浓度保持稳定。酸性废水投药中和处理的中和药剂有石灰、石灰石和氢氧化钠。碱性废水的投药中和主要是采用工业盐酸，使用工业盐酸的优点是反应产物的溶解度大，泥渣量小，但出水溶解固体浓度高。其中和流程和设备与酸性废水投药中和基本相同。

（7）化学沉淀处理

化学沉淀处理是向废水中投加某些化学药剂（沉淀剂），使其与废水中溶解态的污染物直接发生化学反应，形成难溶的固体生成物，然后进行固体废物分离，除去水中污染物。废水中的重金属离子（如汞、镉、铅、锌、镍、铬、铁、铜等）、碱土金属（如钙、镁等）、某些非重金属（如砷、氟、硫、硼等）均可采用化学沉淀处理过程去除。化学沉淀剂可选用石灰、硫化物、钡盐和铁屑等。化学沉淀处理的工艺过程：首先，投加化学沉淀剂，与水中污染物反应，生成难溶的沉淀物；其次，通过凝聚、沉降、浮上、过滤、离心等方法进行固液分离；最后，泥渣的处理和回收利用。采用化学沉淀法时，应注意避免沉淀污泥产生二次污染。

（8）气浮

气浮法适用于去除水中密度小于 1 kg/L 的悬浮物、油类和脂肪，此方法可用于污（废）水处理，也可用于污泥浓缩。其作用原理为通过投加混凝剂或絮凝剂使废水中的悬浮颗粒、乳化油脱稳、絮凝，以微小气泡作为载体黏附水中的悬浮颗粒，使其随气泡上浮至水面，最后通过收集泡沫或浮渣分离污染物。浮选过程包括气泡产生、气泡与颗粒附着以及上浮分离等连续过程。气浮工艺类型包括加压溶气气浮、浅池气浮、电解气浮等。

（9）混凝

混凝法可用于污（废）水的预处理、中间处理或最终处理，可去除废水中胶体及悬浮污染物，适用于废水的破乳、除油和污泥浓缩。混凝是通过投加药剂破坏胶体及悬浮物在废水中形成的稳定分散体系，使其聚集并增大至能自然重力分离的过程。混凝是工业废水经常采用的一种处理方法，其主要处理对象是水中的微小悬浮物、乳状油和胶体杂质。

（10）过滤

过滤法适用于混凝或生物处理后低浓度悬浮物的去除，多用于废水深度处理，包括中水处理。使用过滤法时可采用石英砂、无烟煤和重质矿石等作为滤料。过滤是利用介质去除废水中杂质的方法。根据过滤材料的不同，过滤可分为颗粒材料过滤和多孔材料过滤两大类。

（11）膜分离

采用膜分离法时，应对废水进行预处理。采用膜分离法时应考虑膜清洗、废液与浓液的处理和回收以及废弃膜组件的出路及二次污染问题。微滤适用于去除粒径为 $0.1 \sim 10\ \mu m$ 的悬浮物、颗粒物、纤维和细菌，操作压力为 $0.07 \sim 0.2$ MPa；超滤适用于去除分子量为 $10^3 \sim 10^6$ Da 的胶体和大分子物质，操作压力为 $0.1 \sim 0.6$ MPa；纳滤适用于分离分子量在 $200 \sim 1000$ Da，分子尺寸在 $1 \sim 2$ nm 的溶解性物质、二价及高价盐等，操作压力为 $0.5 \sim 2.5$ MPa；反渗透适用于去除水中全部溶质，宜用于脱盐及去除微量残留有机物，操作压力取决于原水含盐量（渗透压）、水温和产水通量，一般为 $1 \sim 10$ MPa。

（12）吸附

废水的吸附处理一般用来去除生化处理和物理化学处理单元难以去除的微量污染物质，不仅可以除臭、脱色、去除微量的元素及放射性污染物质，而且还能吸附诸多类型的有机物质，如高分子烃类、卤代烃、氯化芳烃、多核芳烃、酚类、苯类以及杀虫剂、除莠剂等。吸附剂可选用活性炭、活化煤、白土、硅藻土、膨润土、蒙脱石黏土、沸石、活性氧化铝、树脂吸附剂、木屑、粉煤灰、腐殖酸等。

（13）化学氧化

化学氧化法适用于去除废水中的有机物、无机离子及致病微生物等，通常包括氯氧化、湿式催化氧化、臭氧氧化、空气氧化等方法。氯氧化适用于氯化物、硫化物、酚、醇、醛、油类等的去除，氯系氧化剂包括液氯、漂白粉、次氯酸钠等。湿式催化氧化适用于某些浓度高、毒性大、常规方法难降解的有机废水的处理。在水处理中，臭氧氧化法主要是氧化分解污染物，用于降低 BOD、COD，脱色，除臭，杀菌，除铁、锰、酚等。空气氧化适用于除铁、除锰及含二价硫废水的处理。

（14）离子交换

离子交换适用于原水脱盐净化，回收工业废水中有价金属离子、阴离子化工原料等。常用的离子交换剂包括磺化煤和离子交换树脂。去除水中吸附交换能力较强的阳离子可选用弱酸型树脂；去除水中吸附交换能力较弱的阳离子可选用强酸型树脂；进水中有机物含量较多时，应选用抗氧化性好、机械强度较高的大孔型树脂。处理工业废水时，离子交换系统前应设预处理装置。

（15）电渗析

电渗析适用于去除废水中的溶质离子，可用于海水或苦咸水（小于 10 g/L）淡化、自来水脱盐制取初级纯水、与离子交换组合制取高纯水、废液的处理回收等。电渗析用于水的初级脱盐，其脱盐率在 45% ～ 90%。

（16）电吸附

电吸附技术是一种新型的水处理技术，具有运行能耗低、水利用率高、无二次污染、操作维护方便等特点，适用于废水中微量金属离子、部分有机物及部分无机盐等杂质的去除。

2. 废水的生物处理

在工业生产中，经常排放一些不同于城市污水水质的有机废水，其往往分别具有有机物浓度高、难生物降解、富含磷（氮）等一种或多种特征。对于此类废水，针对其具体特征，一般通过生物处理的方法，达到降解有机物、提高可生化性等目的。生物处理法适用于可以被微生物降解的废水，按微生物的生存环境可将其分为好氧生物处理法和厌氧生物处理法。好氧生物处理宜用于进水 BOD/COD 大于等于 0.3 的废水处理。厌氧生物处理宜用于高浓度、难生物降解的有机废水和污泥等的处理。

（1）好氧处理

好氧处理是指利用传统活性污泥法、氧化沟法、序批式活性污泥法（SBR）、生物接触氧化法、生物滤池法、曝气生物滤池法等对废水进行处理，其中前三种方式属活性污泥法好氧处理，后三种属生物膜法好氧处理。

①传统活性污泥法，适用于以去除污水中碳源有机物为主要目标，且无氮、磷去除要求的情况。

②氧化沟法，属于延时曝气活性污泥法，与其他活性污泥法相比，具有占地大、投资高、运行费用也略高的缺点，适用于土地资源较丰富地区。

③序批式活性污泥法（SBR），适合于间歇排放工业废水的处理。SBR 反应池的数量不应少于 2 个。SBR 以脱氮为主要目标时，应选用低污泥负荷、低充水比；以除磷为主要目标时，应选用高污泥负荷、高充水比。

④生物接触氧化法，适用于低浓度的生活污水和具有可生化性的工业废水处理。生物接触氧化池应根据进水水质和处理程度确定采用一段式或多段式。生物接触氧化池的个数不应少于 2 个。

⑤生物滤池，适用于低浓度的生活污水和具有可生化性的工业废水处理。生物滤池应采用自然通风方式供应空气，应按组修建，每组由 2 座滤池组成，一般为 6 ～ 8 组。

⑥曝气生物滤池法适用于有机废水的深度处理或生活污水的二级处理。

（2）厌氧处理

废水厌氧生物处理是指在缺氧条件下通过厌氧微生物的作用，将废水中的各种复杂有机物分解转化成甲烷和二氧化碳等物质的过程，也称厌氧消化。厌氧处理工艺主要包括升流式厌氧污泥床（UASB）反应器、厌氧滤池（AF）、厌氧流化床（AFB）。经过厌氧处理产生的气体，应考虑收集、利用和无害化处理。

①升流式厌氧污泥床反应器（UASB 反应器），适用于高浓度有机废水的处理，是目前应用广泛的厌氧反应器之一。该反应器运行的重要前提是反应器内能形成沉降性能良好的颗粒污泥或絮状污泥。废水自下而上通过 UASB 反应器。在反应器的底部有一高浓度、高活性的污混层，大部分的有机物在此转化为 CH_4 和 CO_2。UASB 反应器的上部为澄清池，设有气、液、固三相分离器。被分离的消化气从上部导出，悬浮污泥层自动落到下部反应区。在食品工业、化工、造纸工业废水处理中有许多成功的 UASB。

②厌氧滤池，适用于处理溶解性有机废水。

③厌氧流化床，适用于处理各种浓度的有机废水。

（3）生物脱氮除磷

当采用生物法去除污水中的氮、磷污染物时，原水水质应满足《室外排水

设计规范》（GB 50014—2006）的相关规定：脱氮时，污水中的 5 日生化需氧量与总凯氏氮之比大于 4；除磷时，污水中的 5 日生化需氧量与总磷之比大于 17。仅需脱氮时，应采用缺氧好氧法；仅需除磷时，应采用厌氧好氧法；当需要同时脱氮除磷时，应采用厌氧缺氧好氧法。当缺氧好氧法和厌氧好氧法工艺单元前不设初沉池时，不应采用曝气沉砂池。厌氧好氧法的二沉池水力停留时间不宜过长。当出水总磷不能达到排放标准要求时，应采用化学除磷作为辅助手段。

3. 废水的生态处理

当水量较小、污染物浓度低、有可利用土地资源、技术经济合理时，可结合当地的自然地理条件审慎地采用污水的生态处理方法。污水处理应考虑对周围环境以及水体的影响，不得降低周围环境的质量，应根据区域地理、地质、气候等特点选择适宜的污水生态处理方法。

（1）土地处理

用污水土地处理时，应根据土地处理的工艺形式对污水进行预处理。在集中式给水水源卫生防护带、含水层露头地区、裂隙性岩层和熔岩地区，不得使用污水土地处理。地下水埋深小于 1.5 m 的地区不应采用污水土地处理工艺。

（2）人工湿地

人工湿地适用于水源保护、景观用水、河湖水环境综合治理、生活污水处理的后续除磷脱氮、农村生活污水生态处理等。人工湿地可选用表面流湿地、潜流湿地、垂直流湿地及其组合。人工湿地宜由配水系统、集水系统、防渗层、基质层、湿地植物组成。人工湿地应选择净化和耐污能力强、有较强抗逆性、年生长周期长、生长速度快而稳定、易于管理且具有一定综合利用价值的植物，宜优选当地植物。人工湿地基质层（填料）应根据所处理水的水质要求，选择砾石、炉渣、沸石、钢渣、石英砂等。人工湿地防渗层应根据当地情况选用黏土、高分子材料或湿地底部的沉积污泥层。

4. 废水的消毒处理

是否需要消毒以及消毒程度应根据废水性质、排放标准或再生水要求来确定。为避免或减少消毒时产生的二次污染物，最好采用紫外线或二氧化氯消毒，也可用液氯消毒。同时应根据水质特点考虑消毒副产物的影响并采取措施消除有害消毒副产物。臭氧消毒适用于污水的深度处理（如脱色、除臭等）。在臭氧消毒之前，应增设去除污水中悬浮物（SS）和 COD 的预处理设施（如砂滤、膜滤等）。

二、固体废物污染控制概述

1. 固体废物处置常用方法概述

（1）预处理方法

城市固体废物的种类、大小、形状、状态、性质千差万别，一般需要进行预处理。预处理技术一般有三种：压实，用物理的手段使固体废物的聚集程度得到有效提高，从而使其容积减少，便于运输和后续处理；破碎，用机械的方法破坏固体废物内部的聚合力，减小颗粒尺寸，为后续处理提供合适的固相粒度；分选，按照固体废物不同的物质性质，在进行最终处理前，分离有价值和有害的成分，从而真正实现"废物利用"。

（2）生物处理方法

生物处理是指通过微生物的作用，使固体废物中可降解有机物转化为稳定产物的处理技术。生物处理分为好氧堆肥和厌氧消化两种方式。好氧堆肥是在充分供氧的条件下利用好氧微生物分解固体废物中有机物质的过程，产生的堆肥是优质的土壤改良剂和农肥。厌氧消化是在无氧或缺氧条件下，利用厌氧微生物的作用使废物中可生物降解的有机物转化为甲烷、二氧化碳和稳定物质的生物化学过程。

（3）卫生填埋方法

与传统的填埋法有所不同，卫生填埋法采用的是严格的污染控制措施，以最大限度地降低整个填埋过程的污染和危害程度。在设计、施工和运行填埋场时，最关键的问题是控制含大量有机酸、氨氮和重金属等污染物的渗滤液不能随意流出，要做到统一收集后集中处理。

（4）一般物化处理方法

工业生产产生的某些含油、含酸、含碱或含重金属的废液，均不宜直接焚烧或填埋，需要先经过简单的物理化学处理。废液经过处理后可以再回收利用，有机溶剂可以作焚烧的辅助燃料，浓缩物或沉淀物则可送去填埋或焚烧。因此，物理化学方法也是综合利用或预处理过程。

（5）安全填埋方法

安全填埋是一种在环境中放置和储存危险废物，使其隔绝环境的处置方法，也是对其在经过处理之后所采取的最终处置措施。安全填埋的目的是阻断废物和环境的联系，使其不再危害环境和人体健康。所以，是否能阻断废物和环境的联系便是填埋处置成功与否的关键。一个完整的安全填埋场应包括废物接收与储存系统、分析监测系统、预处理系统、防渗系统、渗滤液集排水系统、雨

水及地下水集排水系统、渗滤液处理系统、渗滤液监测系统、渗滤液管理系统和公用工程等。

（6）焚烧处理方法

焚烧法是一种高温热处理技术，即以一定的过剩空气量与被处理的有机废物在焚烧炉内进行氧化分解反应。在高温中会氧化、热解和破坏废物中的有毒有害物质。焚烧处置的特点为可以实现无害化、资源化。焚烧的主要目的在于使废物得到最大限度的焚毁和减容，并尽量避免产生新的污染物质，从而不会引起二次污染。焚烧不但可以处置城市垃圾和一般工业废物，还可以处置危险废物。

（7）热解法

与焚烧有所不同，热解法是指在氧分压较低的条件下，利用热能将大分子量的有机物裂解为分子量相对较小的易于处理的化合物或燃料气体、油和炭黑等有机物质。热解法适用于具有一定热值的有机固体废物的处理。热解应考虑的主要影响因素有热解废物的组分、粒度及均匀性、含水率、反应温度及加热速率等。高温热解温度应在1000℃以上，主要热解产物为燃气。中温热解温度应在600～700℃，主要热解产物为类重油物质。低温热解温度应在600℃以下，主要热解产物为炭黑。热解产物经净化后进行分馏可获得燃油、燃气等产品。

2. 固体废物常用的处理与处置技术

2013年9月26日，环境保护部发布了《固体废物处理处置工程技术导则》（HJ 2035—2013），其可作为固体废物处理处置工程环境影响评价、环境保护验收及建成后运行与管理的技术依据。

（1）固体废物预处理技术

固体废物有各种各样的种类，它们也具有不同的形状、大小、结构及性质，为了便于合理地处理和处置它们，通常要对固体废物进行预加工处理。对于要填埋的废物，一般要按一定方式将废物压实，这样不仅可以使运输量和运输费用大大减少，而且在填埋时占据的空间还相对较小。对于要焚烧和堆肥的废物，一般要进行破碎处理，破碎成一定粒度的废物不仅有利于焚烧，而且也有利于堆肥处理的反应速度。在回收利用废物资源时，也需要破碎、分选等处理过程。

①固体废物的压实。如果想有效减少固体废物运输量和处置体积，则需要对固体废物进行压实处理。在处理固体废物资源的过程中，废物的交换和回收利用均需要压实、打包原来松散的废物，然后将从废物产生地向废物回收利用地进行运送。在收集运输城市生活垃圾的过程中，纸张、塑料和包装物的密度

很小，体积很大，只有经过压实，才能使运输量得到有效增大。

②破碎处理。破碎处理是指通过人力或机械等作用，破坏物体内部的凝聚力和分子间作用力而使物体破碎的操作过程。在固体废物处理技术中，破碎是一项最常用的预处理技术，它不是最终处理的作业，而是运输、焚烧、压缩等作业的预处理。换句话说，破碎的目的是更容易进行上述操作。固体废物经过破碎，减小了尺寸，粒度更均匀，这明显有利于固体废物的焚烧和堆肥处理。

③分选。固体废物的分选在对其的处理中有十分重要的意义。在处理、处置和回用固体废物之前必须进行分选，分选出有用的成分加以利用，并分离其中的有害成分。按照物料的物理性质或化学性质，分别采用不同的方法，包括人工手选、风力分选、筛分、浮选、磁选等分选技术。

（2）固体废物生物处理技术

生物处理技术适用于处理有机固体废物，如畜禽粪便、污泥等。生物处理过程中产生的残余物应回收利用，不可回收利用的应焚烧处理或卫生填埋处置。按照生物处理过程中起作用的微生物对氧气要求的不同，可以将生物处理分为以下两类：好氧堆肥和厌氧消化。

①好氧堆肥。好氧堆肥是在良好的通风条件下，存在游离氧时进行的分解发酵过程。由于堆肥堆温高，一般在 55～65℃，有时高达 80℃，所以也称高温堆肥。由于好氧堆肥有发酵周期短、卫生条件好等优点，所以国内外用垃圾污泥、人畜粪尿等有机废物制造堆肥的工厂，大部分都采用好氧堆肥方式。堆肥场应建设渗滤液导排系统和渗滤液处理设施，将堆肥场在运行期和后期维护管理期内的渗滤液处理后达标排放。

②厌氧消化。固体废物厌氧消化技术按厌氧消化温度分为常温消化、中温消化和高温消化。按消化固体废物的浓度可分为低固体厌氧消化和高固体厌氧消化。固体废物厌氧消化技术中，常温消化主要适用于粪便、污泥和中低浓度有机废水等的处理，较适用于气温较高的南方地区；中温消化主要适用于大中型产沼工程、高浓度有机废水等的处理；高温消化主要适用于高浓度有机废水、城市生活垃圾、农作物秸秆等的处理。

（3）固体废物焚烧处置技术

焚烧法是一种高温热处理技术，即在焚烧炉内以一定的过剩空气量与被处理的有机废物进行氧化燃烧反应。在高温下，废物中的有害有毒物质的氧化、热解被破坏是一种可同时实现废物无害化、减量化、资源化的处理技术。焚烧适用于处理可燃、有机成分较多、热值较高的固体废物，如城市生活垃圾、农林固体废物等。

①一般规定。焚烧处置工程应采用成熟可靠的技术、工艺和设备，并且运行稳定、维修方便、经济合理、管理科学。焚烧厂建设规模应根据焚烧服务范围内的固体废物可焚烧量、分布情况、发展规划以及变化趋势等因素综合考虑确定，并应根据处理规模合理确定生产线数量和单台处理能力，设计时应考虑焚烧处置能力的余量。一般采用 2～4 条生产线配置的方式。新建焚烧厂应采用同一种处理能力、同一种型号的焚烧炉。生活垃圾焚烧厂污染物排放限值及烟高度应符合《生活垃圾焚烧污染控制标准》（GB 18485—2014/XG 1—2019）的相关要求，其他固体废物焚烧应符合国家相关固体废物污染控制标准的规定。

②焚烧炉型及适用范围。焚烧炉型应根据废物种类和特征选择。第一，炉排式焚烧炉适用于生活垃圾焚烧，不适用于处理含水率高的污泥。第二，流化床式焚烧炉对物料的理化特性有较高要求，适用于处理污泥、预处理后的生活垃圾及一般工业固体废物。第三，回转窑焚烧炉适用于处理成分复杂、热值较高的一般工业固体废物。第四，固定床等其他类型的焚烧炉适用于一些处理规模较小的固体废物处理工程。

③烟气净化。尾气污染是焚烧处置技术对环境的最大影响，常见的焚烧尾气污染物包括：烟尘、酸性气体、氮氧化物、重金属等。为了防止二次污染，工况控制和烟气净化是其关键。

烟气净化系统应包括酸性气体、烟尘、重金属等污染物的控制与去除设备，以及引风机等相关设备。

脱酸系统主要去除氯化氢、氟化氢和硫氧化物等酸性物质，应采用适宜的碱性物质作为中和剂，可采用半干法、干法或湿法处理工艺。

烟气除尘设备应采用袋式除尘器。

烟气中重金属和二噁英的去除应注意：合理匹配物料，控制入炉物料含氯量；固体废物应完全燃烧，并严格控制燃烧室烟气的温度、停留时间与气流扰动工况；应减少烟气在 200～400℃温区的滞留时间。

氮氧化物去除应注意：首先，应优先考虑采用低氮氧化物燃烧技术减少氮氧化物的产生量；其次，烟气脱硝可采用选择性非催化还原法（SNCR）或选择性催化还原法（SCR）。

④灰渣处理。炉渣与焚烧飞灰应分别收集、储存和运输。其中，生活垃圾焚烧飞灰属于危险废物，应按危险废物进行安全处置；秸秆等农林废物焚烧飞灰和除危险废物外的固体废物焚烧炉渣应按一般固体废物处置。

（4）固体废物填埋、处置

①卫生填埋。填埋技术是利用天然地形或人工构造形成一定的空间，填充、压实、覆盖固体废物以达到储存的目的。它是固体废物的最终处置技术，并且是保护环境的一个重要手段。对于危险废物可能需要进行固化／稳定化处理，需要对填埋场进行严格的防渗处理。这里主要介绍卫生填埋方法。

卫生填埋场的合理使用年限应在 10 年以上，特殊情况下应不低于 8 年。填埋库区应一次性设计、分期建设。

进入卫生填埋场的填埋物应是生活垃圾，或是经处理后符合《生活垃圾填埋污染控制标准》（GB 16889—2008）相关规定的废物。具有爆炸性、易燃性、浸出毒性、腐蚀性、传染性、放射性等的有毒有害废物不应进入卫生填埋场，不得直接填埋医疗废物。卫生填埋场的基础与防渗应符合《生活垃圾卫生填埋技术规范》（GB 50869—2013）中的有关规定。填埋场渗滤液的处理应符合《生活垃圾填埋场渗滤液处理工程技术规范（试行）》（HJ 564—2010）的有关规定，处理达标后方可排放。填埋气体应进行收集和利用，难以回收和无利用价值的应将其导出，安全处理后排放。

填埋终止后，应进行封场和生态环境恢复。封场后应对渗滤液进行永久的收集和处理，并定期清理渗滤液收集系统。封场后进入后期维护与管理阶段的填埋场应定期检测填埋场产生的渗滤液和填埋气，直到填埋场产生的渗滤液中水污染物浓度满足《生活垃圾填埋污染控制标准》（GB 16889—2008）中的要求。在填埋场稳定以前，应定期监测地下水、地表水、大气。

②一般工业固体废物处置。一般工业固体废物填埋场、处置场适宜处理未被列入《国家危险废物名录》的工业固体废物。一般工业固体废物填埋场、处置场，不应混入危险废物和生活垃圾。第 I 类和第Ⅲ类一般工业固体废物应分别处置。

3. 固体废物处理厂址选择要求

（1）焚烧厂选址

焚烧厂选址应具备满足工程建设要求的工程地质条件和水文地质条件。焚烧厂不应建在易受洪水、潮水或内涝威胁的地区，而必须建在上述地区时，应有可靠的防洪、排涝措施。焚烧厂应有可靠的电力供应和供水水源，并需考虑焚烧产生的炉渣及飞灰的处理处置和水处理及排放条件。

（2）填埋场选址

填埋场场址应选在相对稳定的区域，并符合相关标准的要求。场址应尽

量设在该区域地下水流向的下游地区。填埋场场址的标高应位于重现期不小于50年一遇的洪水位之上，并建设在长远规划中的水库等人工蓄水设施的淹没区和保护区之外，按 GB 16889—2008 规定选址。重型汽车的装卸作业是造成废物污染环境的重要环节，因此，为了保证安全必须严格执行培训、考核及许可制度。

4. 固体废物的收集与运输

应通过一定的手段和措施，将工业固体物收集至回收利用或处理处置设施，以防止环境污染的情况发生。

固体废物的收集与运输原则：工业固体废物收集要服从工业区域的整体规划或固体废物管理机构的统筹调度；工业固体废物收集要由企业承担主体责任；以规模化的综合利用和处理处置为导向，推进企业之间的合作共享；妥善考虑工业危险废物的收集和过程风险防控方式。

固体废物的收集与运输方式：工业固体废物主要通过车辆收集。车辆既具有上门收集的便利性，也有应付状况变化的灵活性，还具有初期投资少和运营成本低、容易调配工作人员等特点。用于收集的车辆的种类也很多，可广泛应用于各种形态固体废物的收集。要选择适合工业固体废物性质、状况及排放单位处理、处置状况的收集车辆，在符合有关法律法规的收集标准的同时还要考虑其安全性、清洁性、效率性和经济性，以及要充分做好固体废物收集车辆的维修护理工作，保证其性能良好，注意保持清洁，将对周围环境的不良影响降至最低。

（1）城市垃圾的收运

①城市垃圾的收运路线。在城市垃圾收集操作方法、收集车辆类型、收集劳力、收集次数和作业时间确定以后，就可着手设计收运路线，以便有效使用车辆和劳力。收集清运工作安排的科学性、经济性关键在于合理的收运路线设计。

②城市生活垃圾的转运及中转站设置。在城市垃圾收运系统中，转运是指利用中转站将各分散收集点较小的收集车清运的垃圾转装到大型运输工具并将其远距离运输至垃圾处理利用设施或处置场的过程。转运站（中转站）就是指进行上述转运过程的建筑设施。

（2）危险废物的收集、储存及运输

由于危险废物固有的属性包括化学反应性、毒性、腐蚀性、传染性或其他特性，导致对人类健康或环境产生危害。因此，在其收集、储存及转运期间必须注意进行不同于一般废物的特殊管理。

①危险废物的收集与储存是指由产出者将危险废物直接运往场外的收集中心或回收站，也可以通过地方主管部门配备的专用运输车辆按规定路线运往指定的地点储存或做进一步处理。

典型的收集站由砌筑的防火墙及铺设有混凝土地面的若干库房式构筑物组成。储存废物的库房内应保证空气流通，以防止具有毒性和爆炸性的气体积聚而产生危险。收进的废物应翔实登记其类型和数量，并应按不同性质分别妥善存放。转运站宜选在交通路网使用的地方。转运站由设有隔离带或埋于地下的液态危险废物储罐、油分离系统及盛装有废物的桶或罐等库房群组成。

②危险废物的运输。通常多采用公路作为危险废物的主要运输途径，因而载重汽车的装卸作业是造成废物污染环境的重要环节。因此，为了保证安全必须严格执行培训、考核及许可制度。

（3）一般工业固体废物的收集和储存

应按照经济、技术条件回收利用工业固体废物；对暂时不利用或不能利用的工业固体废物，应根据国务院环境保护主管部门的规定建设储存设施、场所，安全分类存放。储存、处置场应对采取防止粉尘污染的措施，应在其周边设置导流渠，防止雨水径流进入储存、处置场内，避免增加渗滤液量和滑坡现象发生。应构筑堤、坝、挡土墙等设施，防止一般工业固体废物和渗滤液的流失。应设计渗滤液集排水设施，必要时应设计渗滤液处理设施，对渗滤液进行处理。储存含硫量大于 1.5% 的煤矸石时，应采取防止其自燃的措施。

①堆肥场选址，应统筹考虑服务区域，结合已建或拟建的固体废物处理设施，充分利用已有基础设施合理布局。

②厌氧消化厂选址。厌氧消化厂应避免建在地质不稳定及易发生坍塌、滑坡、泥石流等自然灾害的区域。选址应尽量靠近发酵原料的产地和沼气利用地区，有较好的供水、供电及交通条件，并便于污水、污泥的处理、排放与利用。厌氧消化厂选址应结合已建或拟建的垃圾处理设施，充分利用已有的基础设施进行合理布局，从而实现综合处理。

三、大气污染控制技术概述

大气污染物的主要来源包括三个方面：一是生产性污染，这是大气污染的主要来源，如煤和石油燃烧过程中排放大量的烟尘、二氧化硫、一氧化碳等有害物质，火力发电厂、钢铁厂、石油化工厂、水泥厂等生产过程排出的烟尘和废气，农业生产过程中喷洒农药而产生的粉尘和雾滴等；二是由生活炉灶和采暖锅炉耗用煤炭产生的烟尘、二氧化硫等有害气体；三是交通运输性污染，如汽车、火车等排出的尾气，其污染物主要是氮氧化物、碳氢化合物、一氧化碳和铅尘等。

根据污染物在大气中的物理状态，可将其分为颗粒污染物和气态污染物两大类。颗粒污染物又称气溶胶状态污染物。在大气污染中，其是指沉降速度可以忽略的小固体粒子、液体粒子或它们在气体介质中的悬浮体系，主要包括粉尘、烟、飞灰等。气态污染物是以分子状态存在的污染物。气态污染物的种类很多，常见的气体污染物有：CO、SO_2、NO_2、NH_3、H_2S 以及挥发性有机化合物（VOCs）、卤素化合物等。

颗粒污染物净化，其过程是气溶胶两相分离。由于污染物颗粒与载气分子大小悬殊，作用在二者上的外力差异很大，利用这些外力差异，可实现气固或气液分离。烟（粉）尘净化技术又称除尘技术，它是将颗粒污染物从废气中分离出来并加以回收的一种技术。

气态污染物与载气呈均相分散，并且作用在两类分子上的外力差异很小，因此气态污染物的净化只能利用污染物与载气物理或者化学性质的差异（沸点、溶解度、吸附性、反应性等），实现分离或者转化。

1. 大气污染治理的典型工艺

（1）除尘

对除尘器收集的粉尘或排出的污水，按照生产条件、除尘器类型、粉尘的回收价值、粉尘的特性和便于维护管理等因素，按照国家、行业、地方相关标准，采取妥善的回收和处理措施。

①袋式除尘器，包括机械振动袋式除尘器、逆气流反吹袋式除尘器和脉冲喷吹袋式除尘器等。袋式除尘器具有除尘效率高、能够满足极其严格排放标准的特点，广泛应用于冶金、电力等行业。当粉尘具有较高的回收价值或烟气排放标准很严格时，优先采用袋式除尘器。焚烧炉除尘装置应选用袋式除尘器。

②静电除尘器，包括板式静电除尘器和管式静电除尘器。静电除尘器属高效除尘设备，用于处理大风量的高温烟气，适用于捕集电阻率在 $1 \times 10^4 \sim 5 \times 10^{10} \Omega \cdot cm$ 范围内的粉尘。我国电除尘器技术水平基本接近国际同期先进水平，已较普遍地应用于火力发电厂、水泥厂、钢铁厂、有色金属冶炼厂、化工厂、轻工造纸厂等的各种炉窑。其中，火力发电厂是我国电除尘器的第一大用户。

③电袋复合除尘器是在一个箱体内安装电场区和滤袋区，有机结合静电除

尘和过滤除尘两种机理的一种除尘器。电袋复合除尘器适用于电除尘很难高效收集的高比电阻、特殊煤种等烟尘的净化处理；适用于去除直径 0.1 μm 以上的尘粒以及对运行稳定性要求高和粉尘排放浓度要求严格的烟气净化。

（2）气态污染物吸收

吸收法净化气态污染物是利用气体混合物中各组分在一定液体中溶解度的不同而分离气体混合物的方法，是治理气态污染物的一个常用方法。其主要用于净化吸收效率和速率较高的有毒有害气体。对于大气量、低浓度的气体多使用吸收法。吸收法使用最多的吸收剂是水，一是价廉，二是资源丰富。只有在一些特殊场合才使用其他类型的吸收剂。

①吸收装置。常用的吸收装置有填料塔、喷淋塔等。吸收装置的有效接触面积和处理效率应较大，界面更新强度应较高，阻力应较小，推动力应较高。早期的吸收法大都采用填料塔作为吸收装置。随着处理气体量的增大以及喷淋塔技术的发展，对于大气量（如大型火电厂湿法脱硫）的气态污染物一般都选择喷淋塔作为吸收装置，即空塔。

②吸收液后处理。吸收液应循环使用或经过进一步处理后循环使用，不能循环使用的应按照相关标准和规范处置，从而有效规避二次污染。使用过的吸收液可采用沉淀分离再生、化学置换再生、蒸发结晶回收和蒸馏分离等方法进行处置。吸收液再生过程中产生的副产物应回收利用，产生的有毒有害产物应按照有关规定处置。

（3）气态污染物吸附

吸附法净化气态污染物是利用固体吸附剂对气体混合物中各组分吸附选择性的不同而分离气体混合物的方法，主要适用于净化低浓度有毒有害气体。吸附法在环境工程中得到广泛的应用，是由于吸附过程能有效地捕集浓度很低的有害物质。因此，当采用常规的吸收法去除液体或气体中的有害物质特别困难时，吸附法可能就是比较好的解决办法。当然，吸附操作也有它的不足之处。首先，由于吸附剂的吸附容量小，因而须耗用大量的吸附剂。其次，由于吸附剂是固体，在工业装置上固相处理较困难，从而使设备结构复杂，给大型生产过程的连续化、自动化带来一定的困难。吸附工艺可分为变温吸附和变压吸附。目前，变温吸附在大气污染治理工程中使用的最为广泛，尤其在挥发性有机物的治理方面大量应用。随着环保要求力度的加大，目前已将变压吸附应用在有毒有害气体（如氯乙烯）的治理回收上。

（4）气态污染物催化燃烧

有机废气催化燃烧装置是目前国内外喷涂和涂装作业、汽车制造、制鞋等固定源工业有机废气净化的主要手段，适用于气态及气溶胶态烃类化合物、醇类化合物等挥发性有机化合物（VOCs）的净化。有机废气经过催化净化装置净化后可以被彻底地分解为二氧化碳和水，无二次污染，且操作方便、使用简单。据统计，目前国内外固定源工业有机废气的净化中50%以上是依靠催化净化装置完成的。近年来，随着燃烧催化剂性能的不断提高，尤其抗中毒、抗烧结能力的提高，不但提高了其使用寿命，还延长了催化燃烧技术的应用范围。例如，在漆包线行业需要高温燃烧（700～800 ℃）的场合，新型的催化剂的使用寿命可以达到1年以上，又如对某些可以引起催化剂中毒的物质，目前也可以使用催化法进行净化。

（5）气态污染物热力燃烧

采用热力燃烧法（有时候被称为"直接燃烧"）净化有机废气是指将废气中的有害组分经过充分的燃烧，氧化成为 CO_2 和 H_2O。目前的热力燃烧系统通常使用气体或者液体燃料进行辅助燃烧加热，蓄热燃烧系统则使用合适的蓄热材料和工艺，以便使系统达到处理废气所必需的反应温度、停留时间、湍流混合度这三个条件。该技术的特点是系统运行能够适合多种难处理的有机废气的净化处理要求，工艺技术可靠，处理效率高，没有二次污染，管理方便。

热力燃烧工艺适用于处理连续、稳定生产工艺产生的有机废气。进入燃烧室的废气应先进行预处理，去除废气中的颗粒物。一般采用过滤和喷淋的方法去除颗粒物，进入热力燃烧工艺中的颗粒物质量浓度应低于 50 mg/m^3。

2. 大气污染控制技术

根据污染控制的方法原理，大气污染控制技术可分为洁净燃烧技术、烟气的高烟囱排放、颗粒污染物净化技术和气态污染物净化技术等。根据污染控制对象的不同，大气污染控制技术又可分为除尘技术，脱硫技术，一氧化氮控制技术及含氟废气、含铅废气、含汞废气、有机化合物废气、硫化氢废气、酸雾、沥青烟及恶臭等的净化技术。

（1）洁净燃烧技术

洁净燃烧技术是指为提高燃料利用率和减少燃烧过程污染物排放的所有技术的总称，主要是指洁净煤技术和低一氧化氮燃烧技术。垃圾焚烧及其污染控制技术也属于洁净燃烧技术。我国是世界上最大的煤炭生产国和消费国，传统的煤炭开发利用方式导致严重的煤烟型污染，已成为我国大气污染的主要类型。由于我国以煤为主的能源格局在相当一段时间内难以改变，所以发展洁净煤技术是现实的选择。

其重点技术主要有：先进的燃煤技术，如流化床燃烧技术等；燃煤脱硫、脱氮技术，如煤炭洗选、型煤、水煤浆技术等；煤炭加工成洁净能源技术，如煤炭气化、液化技术，常压循环流化床、加压流化床、整体煤气化联合循环技术等。除此之外，还要提高煤炭及粉煤灰利用率，如煤泥制水煤浆、煤泥和煤矸石燃烧、混烧技术炉渣做水泥原料、粉煤灰制作各种建材的成型技术。

（2）烟气的高烟囱排放

烟气的高烟囱排放主要通过高烟囱把含有污染物的烟气直接排入大气，使污染物向更大范围和更远区域扩散、稀释，充分利用大气的自净作用，使烟气达标排放，进一步降低地面空气中污染物的浓度，以减轻局部大气污染问题。虽然高烟囱排放不是根本的解决办法，因为它没有从本质上减少污染物的总量，只是暂时降低了污染源周围的污染物浓度，但考虑到我国的实际国情，有些地方仍采用高烟囱排放作为主要的烟气排放方式。

（3）颗粒污染物净化技术

颗粒污染物的净化技术就是气体与粉尘微粒的多相混合物的分离操作技术，是我国大气污染控制的重点。它主要应用在各种除尘器的设计中，具体介绍如下。

①重力沉降室：通过重力作用使粉尘微粒从气流中沉降分离的除尘装置，它的设计模式有层流式和湍流式两种。它结构简单、投资少、压力损失小、维修管理容易。但它的体积大、效率低，因此只能作为高效除尘的预除尘装置，用来除去较大和较重的粉尘微粒。

②旋风除尘器：利用旋转气流产生的离心力使粉尘微粒从气流中分离的装置。它结构简单，对于捕集分离直径 $5 \sim 10~\mu m$ 的粉尘效率较高，可达90%以上，所以其应用广泛。

③过滤式除尘器：使含尘气体通过一定的过滤材料来达到分离气体中固体粉尘的一种高效除尘设备。其对微米和亚微米级的粉尘微粒除尘效率可达99%以上，并且运行稳定，没有污泥处理、腐蚀和粉尘比电阻问题。

④电除尘器：在含尘气体通过高压电场进行分离的过程中，使粉尘荷电，并在电场力的作用下，使粉尘沉积于电极上，将粉尘从含尘气体中分离出来的一种除尘装置。其除尘效率高，可达到99%以上，且结构简单，压力损失小，可以实现微机操作，但设备费用昂贵。

（4）气态污染物净化技术

①吸收法：利用气体混合物中的一种或多种组分在选定的吸收剂中的溶解度不同或与吸收剂中的组分发生选择性的化学反应，从而将其从气相分离出去

的操作过程。吸收法具有工艺成熟、设备简单、投资低等特点，但必须适当回收和利用吸收液，否则易造成二次污染和资源浪费。

②吸附法：利用多孔性固体物质选择性地吸附废气中的一种或多种有害组分的过程。其分为物理吸附和化学吸附，常用于其他方法难以分离的低浓度有害物质的吸附处理。

③催化法：利用催化剂的催化作用，将废气中的污染物转化为无害或易于去除或回收利用的物质的净化方法。其应用广泛，但需避免催化剂中毒。

④燃烧法：利用某些废气中的污染物可燃烧氧化的特性，将其燃烧变为无害或易于进一步处理和回收的物质的方法。其分为直接燃烧、催化燃烧、热力燃烧三种方式。

⑤冷凝法：指气体在不同温度及压力下具有不同饱和蒸汽压，在降低温度和加大压力时，某些气体物质凝结成液体分离出来，进而达到净化和回收的目的的一种方法。冷凝法特别适合回收高浓度有价值的污染物。

3. 主要气态污染物的治理工艺及选用原则

（1）二氧化硫治理工艺及选用原则

大气污染物中，二氧化硫的含量比较大，是形成酸雨的主要成分，在很大程度上危害了土壤、河流、森林、建筑、农作物等。二氧化硫治理工艺划分为湿法、干法和半干法，常用工艺包括石灰石／石灰－石膏法、烟气循环流化床法、氨法、海水法、吸附法、氧化锌法和亚硫酸钠法等。其中，石灰石／石灰－石膏法、烟气循环流化床法、海水法、回流式循环流化床法比较成熟，占有脱硫市场份额的 95% 以上，是常用的主流技术。

二氧化硫治理应执行国家或地方相关的技术政策和排放标准，满足总量控制的要求，下面介绍常用的脱硫方法。

①石灰石／石灰－石膏法。其是一种采用石灰石、生石灰或消石灰的乳浊液为吸收剂吸收烟气中的 SO_2 的方法。这种方法脱硫效率能达到 80%，又因石灰石来源广、价格低，是应用最为广泛的脱硫技术。

②烟气循环流化床工艺。烟气循环流化床法与石灰石／石灰－石膏法相比，具有脱硫效率更高（99%）、不生废水、不受烟气负荷限制、一次性投资低等优点。

③氨法工艺。燃用高硫燃料的锅炉，当周围 80 km 内有可靠的氨源时，经过技术经济和安全比较后，应该使用氨法工艺，并应深入加工利用其副产物。

④海水法。燃用低硫燃料的海边电厂，经过技术经济比较和海洋环保论证

后，可使用海水法脱硫或以海水为工艺水的钙法脱硫。

工业锅炉／炉窑应因物制宜、因炉制宜地选用适宜的脱硫工艺，采用湿法脱硫工艺应符合相关环境保护产品技术要求的规定。

（2）氮氧化物控制措施及选用原则

氮氧化物在大气污染物中的含量较大，次于二氧化硫，也是形成酸雨的主要成分。在煤燃烧的过程中，主要通过低氮燃烧技术减少氮氧化物的排放，但当采用低氮燃烧器后氮氧化物的排放仍不达标的情况下，燃煤烟气还须采用非选择性催化还原技术（SNCR）和选择性催化还原技术（SCR）脱硝装置来控制氮氧化物的排放。SNCR 和 SCR 技术主要是在有或没有催化剂时，将氮氧化物选择性地还原为水和氮气，前者的效率较低，一般在 40% 以下，但后者可以达到 90% 以上。燃煤电厂燃用烟煤、褐煤时，应该采用低氮燃烧技术；燃用贫煤、无烟煤不能达到环保要求时，应增设烟气脱硝系统。

①低氮燃烧技术。低氮燃烧技术一直是应用最广泛、最经济实用的一种技术。它通过改变燃烧设备的燃烧条件来降低 NO_x 的形成，一般来讲，是通过调节燃烧温度、烟气中氧的浓度、烟气在高温区的停留时间等方法来抑制 NO_x 的生成或破坏已生成的 NO_x。低氮燃烧技术的方法很多，常用的方法主要有两种：排烟再循环法和二段燃烧法。

②选择性催化还原技术（SCR）。SCR 过程是以氨为还原剂，在催化剂作用下将 NO_x，还原为 N_2 和水。催化剂的活性材料通常由贵金属、碱性金属氧化物、沸石等组成。

在脱硝反应过程中温度对其效率有显著的影响。铂、钯等贵金属催化剂的最佳反应温度为 175 ～ 290℃；金属氧化物如以二氧化钛为载体的五氧化二钒催化剂，在 260 ～ 450℃效果更好。工业实践表明，SCR 系统对 NO 的转化率为 60% ～ 90%，催化剂失活和烟气中残留的氨是与 SCR 工艺操作相关的两个关键因素。在长期操作过程中催化剂中毒是催化剂失活的主要因素，降低烟气的含尘量可有效延长催化剂寿命。由于三氧化硫的存在，所有未反应的 NH_3 都将转化为硫酸盐，而其中的硫酸铵为亚微米级的微粒，多附着在催化转化器内或者下游的空气预热器以及引风机中。随着 SCR 系统运行时间的增加，催化剂活性逐渐丧失，烟气中残留的氨也将随之增加。

（3）恶臭治理工艺及选用原则

我国在《恶臭污染物排放标准》（DB 121059—2018）中规定了 8 种恶臭污染物的最大排放限值、复合恶臭物质的臭气浓度限值及无组织排放源（指没有排气筒或排气筒高度低于 15 m 的排放源）的厂界浓度限值。

（4）卤化物气体治理工艺及选用原则

在大气污染治理方面，卤化物主要包括无机卤化物气体和有机卤化物气体。有机卤化物气体治理技术参照挥发性有机化合物（VOCs）和恶臭的要求。

在处理无机卤化物废气时应首先考虑其回收利用的价值，如氯化氢气体可回收制成盐酸，含氟废气能生产无机氟化物和白炭黑等。在回收利用资源和深度处理卤化物上，吸收和吸附等物理化学方法拥有相对成熟的工艺技术，因此优先使用物理化学类方法来处理卤化物气体。在利用吸收法治理含氯或氯化氢废气时，适宜采用碱液吸收法，垃圾焚烧尾气中的含氯废气适宜采用碱液或碳酸钠溶液吸收处理。

（5）重金属治理工艺及选用原则

大气中应重点控制的重金属污染物有：汞、铅、砷、镉、铬及其化合物。

重金属废气的基本处理方法包括：过滤法、吸收法、吸附法、冷凝法和燃烧法。

四、环境噪声与振动污染防治概述

在环境噪声与振动环境影响评价中，噪声与振动防治对策措施主要有规划防治对策、技术防治措施和管理措施。通过评价提出的噪声防治对策和措施，应做到技术先进、经济合理、安全可靠、节能降耗。

1. 确定环境噪声与振动污染防治对策的一般原则

以声音的三要素为出发点控制环境噪声的影响，以从声源上或从传播途径上降低噪声为主，以受体保护作为最后不得已的选择。这一原则体现出环境噪声污染防治按照法律要求应当是区域环境噪声达标，即室外环境符合相应的声环境功能。

①以城市规划为先，避免产生环境噪声污染影响。无论是新建项目还是改扩建项目，都应当符合城市规划布局的相关规定。

②关注环境敏感人群的保护，体现"以人为本"。凡是有人群生活的地方就有环境噪声需要达标的要求，若超过相应标准就需要采取环境噪声污染防治措施，以保护人类生存的环境权益。

③以管理手段和技术手段相结合的方式控制环境噪声污染。将有效的管理手段和有针对性的工程技术手段有机结合起来，是采取防治对策的一项重要原则。

④针对性、具体性、经济合理、技术可行原则。要保证对策措施针对实际

情况且具体可行，符合经济合理性和技术可行性。

2. 噪声与振动控制方案设计

噪声与振动控制的基本原则：优先源强控制；应尽可能靠近污染源采取传输途径的控制技术措施；必要时再考虑敏感点防护措施；应根据各种设备噪声、振动的产生机理，合理采用各种针对性的降噪减振技术，尽可能选用低噪声设备和减振材料，以减少或抑制噪声与振动的产生。

（1）传输途径控制

若声源降噪受到很大局限甚至无法实施的情况下，应在传播途径上采取隔声、吸声、消声、隔振、阻尼处理等有效技术手段及综合治理措施，以抑制噪声与振动的扩散。

（2）敏感点防护

在对噪声源或传播途径均难以采用有效噪声与振动控制措施的情况下，应对敏感点进行防护。

3. 防治环境噪声与振动污染的工程措施

防治环境噪声污染的技术措施是以声学原理和声波传播规律为基础提出的。它与噪声产生的机理和传播形式有关。降低噪声的技术措施主要包括隔声、吸声、消声、隔振等几种，需要针对不同发声对象综合考虑使用的方法。

（1）隔声

应根据污染源的性质、传播形式及其与环境敏感点的位置关系，采用不同的隔声处理方案。对固定声源进行隔声处理时，应尽可能靠近噪声源设置隔声措施，如各种设备隔声罩、风机隔声箱以及空压机和柴油发电机的隔声机房等建筑隔声结构。隔声设施应充分密闭，避免缝隙孔洞造成的漏声（特别是低频漏声）；其内壁应采用足够量的吸声处理；对敏感点采取隔声防护措施时，应采用隔声间（室）的结构形式，如隔声值班室、隔声观察窗等；对临街居民建筑可安装隔声窗或通风隔声窗。对噪声传播途径进行隔声处理时，可采用具有一定高度的隔声墙或隔声屏障，如利用路堑、土堤、房屋建筑等；必要时应同时采用上述几种结构相结合的形式。

（2）吸声

吸声技术主要适用于降低因室内表面反射而产生的混响噪声，其降噪量一般不超过 10 dB。故在声源附近，以降低直达声为主的噪声控制工程不能单纯采用吸声处理的方法。

（3）消声

消声器设计或选用应满足的要求：应根据噪声源的特点，在需要消声的频率范围内有足够大的消声量；消声器的附加阻力损失必须控制在设备运行的允许范围内；良好的消声器结构应设计科学、小型高效、造型美观、坚固耐用、维护方便、使用寿命长；对于降噪要求较高的管道系统，应通过合理控制管道和消声器截面尺寸及介质流速，使流体再生噪声得到合理控制。

（4）隔振

隔振设计既适用于防护机器设备振动或冲击对操作者、其他设备或周围环境的有害影响，也适用于防止外界振动对敏感目标的干扰。当机器设备产生的振动可以引起固体声传导并引发结构噪声时，也应进行隔振降噪处理。

若布局条件允许时，应使对隔振要求较高的敏感点或精密设备尽可能远离振动较强的机器设备或其他振动源，如铁路、公路干线等。

隔振装置及支承结构，应根据机器设备的类型、振动强弱、扰动频率、安装和检修形式等特点，以及建筑、环境和操作者对噪声与振动的要求等因素统筹确定。

（5）工程措施的选用

①对因振动、摩擦、撞击等引发的机械噪声，一般采取隔振、隔声措施，如对设备加装减振垫、隔声罩等。有条件改造设备或设计工艺时，可以采用先进工艺技术，如将某些设备传动的硬连接改为软连接等，将高噪声的工艺改为低噪声的工艺等。

对于大型工业高噪声生产车间以及高噪声动力站房，如空压机房、风机房、冷冻机房、水泵房、锅炉房、真空泵房等，一般采用吸声、消声措施。对于各类机器设备的隔声罩、隔声室、集控室、值班室、隔声屏障等，可在内壁安装吸声材料以提高其降噪效果。

②针对环境保护目标采取的环境噪声污染防治技术工程措施，主要是以隔声、吸声为主的屏蔽性措施，以使保护目标免受噪声影响。例如，对临街居民建筑可安装隔声窗或通风隔声窗，常用的隔声窗的隔声能力一般在 25 ～ 40 dB，同时，可采用具有一定高度的隔声墙或隔声屏障对噪声传播途径进行隔声处理，如可利用天然地形、地物作为噪声源和保护对象之间的屏障，或按照噪声对保护目标影响的程度设计声屏障等。这些措施在一定程度上阻隔了声波传播，使声波经过处理后显著降低了声级，满足了敏感目标处的声环境需求。

（6）降噪水平检测

工程验收前应检测降噪减振设备和元件的降噪技术参数是否达到设计要

求。噪声与振动控制工程的性能通常可以采用插入损失、传递损失或声压级降低量来检测。

4.典型工程噪声的防治对策和措施

（1）工业噪声的防治对策和措施

工业噪声防治以固定的工业设备噪声源为主。对项目整体来说，可以从工程选址、总图布置、设备选型、操作工艺变更等方面考虑尽量减少声源可能对环境产生的影响。对声源已经产生的噪声，则根据主要声源影响情况，在传播途径上分别采用隔声、隔振、消声、吸声以及增加阻尼等措施降低噪声影响，必要时采用声屏障等工程措施降低和减轻噪声对周围环境和居民的影响。而直接对敏感建筑物采取隔声窗等噪声防护措施，则是最后的选择。

在考虑降噪措施时，首先应该关注工程项目周围居民区等敏感目标分布情况和项目邻近区域的声环境功能需求。若项目噪声影响范围内无人群生活，按照国家现行法规和标准规定，原则上不要求采取噪声防治措施。但若工程项目所处地区的地方政府或地方环境保护主管部门对项目周边有土地使用规划功能要求或环境质量要求的，则应采取必要措施保证达标或者给出相应噪声控制要求，如噪声控制距离或者规划土地使用功能等。

在此类工程项目报批的环境影响评价文件中，应当将项目选址结果、总图布置、声源降噪措施、需建造的声屏障及必要的敏感建筑物噪声防治措施等分项给出，并分别说明项目选址的优化方案及论证原因、总图布置调整的方案情况及对项目边界和受影响敏感点的降噪效果。分项给出主要声源各部分的降噪措施、效果和投资，声屏障以及建筑物本身防护措施的方案、降噪效果及投资等情况。

（2）公路和城市道路交通噪声的防治对策和措施

公路和城市道路交通噪声影响主要对象是线路两侧的以人群生活（包括居住、学习等）为主的环境敏感目标。其防治对策和措施主要有：通过线路优化比选，进行线路和敏感建筑物之间距离的调整；线路路面结构、路面材料改变；道路和敏感建筑物之间的土地利用规划以及临街建筑物使用功能的变更、声屏障和敏感建筑物本身的防护或拆迁安置等；优化运行方式（包括车辆选型、速度控制、鸣笛控制和运行计划变更等）以减轻公路与城市道路交通产生的噪声对周围环境和居民的影响。

（3）铁路和城市轨道交通噪声的防治对策和措施

通过不同选线方案声环境影响的预测结果，分析敏感目标受影响的程度，并提出优化的选线方案建议；按照工程与环境特征，给出局部线路和站场调整，敏感目标搬迁或功能置换，轨道、列车、路基（桥梁）、道床的优选，列车运行方式、运行速度鸣笛方式的调整，设置声屏障和对敏感建筑物进行噪声防护等具体的措施方案及其能取得的降噪效果；在符合《中华人民共和国城乡规划法》中明确可修改城乡规划的前提下，提出城镇规划区段铁路与敏感建筑物之间的规划调整建议。

（4）机场飞机噪声的防治对策和措施

机场飞机噪声影响与其他类别工程项目噪声影响形式不同，主要是非连续的单个飞行事件的噪声影响，而且使用的评价量和标准也不同。可通过机场位置选择，跑道方位和位置的调整，飞行程序的变更，机型选择，昼间、夜间飞行架次比例的变化，起降程序的优化，敏感建筑物本身的噪声防护或使用功能更改，拆迁，噪声影响范围内土地利用规划或土地使用功能的变更等措施减少和降低飞机噪声对周围环境和居民的影响。在《中华人民共和国城乡规划法》中明确可修改城乡规划的前提下，提出机场噪声影响范围内的规划调整建议，给出飞机噪声监测计划等。

第二节　污染物排放总量控制要求

按照国家对污染物排放总量控制指标的要求，在核算污染物排放量的基础上提出工程污染物总量控制建议指标，污染物总量控制建议指标应包括国家规定的指标和项目的特征污染物。

项目的特征污染物是指国家规定的污染物排放总量控制指标未包括但又是项目排放的主要污染物。尽管这些污染物不属于国家规定的污染物排放总量控制指标，但由于其会在很大程度上影响环境，又是项目排放的特有污染物，因此必须作为项目的污染物排放总量控制指标。

在环境影响评价中提出的项目污染物总量控制建议指标必须满足以下要求。

①符合达标排放的要求，排放不达标的污染物不能作为总量控制建议指标。

②与相关环保要求相符，严于总量控制的环境保护要求。

③技术上可行，通过技术改造能够更好地实现达标排放。

第三节　环境管理与监测

一、建设项目环境管理概述

建设项目的环境管理和环境监测是建设项目环境保护及污染防控的重要内容。通过有效的环境管理与监测，使项目防治污染设施的建设和运行得以落实及监控是建设项目依法公开环境信息的基础。

在 2017 年颁布《建设项目竣工环境保护验收暂行办法》中，建设项目竣工环境保护验收范围为建设项目的各项环境保护设施，其中包括为防治污染和保护环境所建成或配备的工程、设备、装置和监测手段，以及各项生态保护设施。建设项目环境监测项目、点位、机构设置及人员配备也是竣工环境保护验收的内容。

环境管理是企业管理的重要内容之一，是实现环境、生产、经济协调发展的重要措施。企业的环境监测是工业污染防治的依据和环境管理的耳目，可以了解和掌握建设项目排污特征，研究建设项目污染发展趋势，是开展建设项目科学技术研究和综合开发的基础。

环境影响评价文件应按建设项目建设阶段、生产运行阶段、服务期满后等不同阶段，根据建设项目的特点，针对不同工况、环境影响途径和环境风险特征，提出环境管理要求。在建设项目污染物排放清单中的各类污染物应有具体的管理要求，还需提出环境信息公开的内容要求。

环境影响评价文件提出的日常环境管理制度要求，应明确各项环境保护设施的建设、运行及维护保障计划。环境监测计划应包括污染源监测计划和环境质量监测计划。

1. 施工期环境管理

建设项目施工期现场环境管理对建设期环境保护具有重要作用。建设单位应按环境保护基本要求建立施工期环境管理相关规定，预防施工期土石方堆放、施工废水、施工噪声等对周围环境的破坏，监督临时用地的及时恢复。施工单位应针对项目所在地区的环境特点及周围保护目标的情况，制定相应的措施，确保施工作业对周围敏感目标的影响降至最低。施工期环境保护设施的建设情况，可按照《关于进一步推进建设项目环境监理试点工作的通知》（环办〔2012〕5 号）要求，结合建设项目的工程特点确定环境监理模式，并对环保工程质量严格把关。

2. 营运期环境管理

企业应建立环境管理机构，负责项目运行期的环境保护工作。环境管理机构主要职责如下。

①认真贯彻国家有关环保法规、规范，健全各项规章制度。

②监督环保设施运行状况，监督企业各污染物排放口的排放状况。

③建立企业环境保护档案。

④加强环境监测仪器、设备的维护保养，确保企业的环境监测工作正常进行。

⑤参加本企业环境事件的调查、处理、协调工作。

二、环境监测概述

《中华人民共和国环境影响评价法》第十七条规定，建设项目的环境影响报告书应包括建设项目实施环境监测的建议。《环境监测管理办法》要求，排污者必须按照县级以上环境保护部门的要求和国家环境监测技术规范，开展排污状况自我监测。

建设项目环境监测应包括对污染源废气、废水等排放的监测，分为污染源自动监测和手动监测。根据《污染源自动监控管理办法》的要求，新建、改建、扩建和技术改造项目应建设、安装自动监控设备及配套设施，作为环境保护设施的组成部分，与主体工程同时设计、同时施工、同时投入使用。

企业自主环境监测工作可及时发现项目正常生产运行过程中存在的问题，以尽快采取处理措施，减少或避免污染和损失。同时通过加强管理和环境监测工作，也可为清洁生产工艺改造和污染处理技术进步提供具有实际指导意义的参考。

建设项目在设计阶段应根据企业排放废水和废气的特点以及污染物排放的种类，设计污染物排放监测位置及采样口，有废水和废气处理设施的，应在处理设施后监测。在污染物监测位置须设置永久性排污口标志。

1. 废水污染源监测

因企业内部排水系统的划分和废水收集相对集中，可以在需要监测的部位设置自动在线监测仪器和手动监测采样口。对企业排放废水的采样，应根据监测污染物的种类，在规定的污染物排放监测位置进行，有废水处理设施的，应在处理设施后监测。在污染物排放监测位置应设置永久性监测排污口标志。

2.废气污染源监测

对废气污染源的监测，采样位置和采样口设置相对复杂。不同排放标准中对废气污染源监测有不同的要求。《锅炉大气污染物排放标准》（GB 13271—2014）、《火电厂大气污染物排放标准》（DB 37/664—2019）中规定，企业应按照环境监测管理规定和技术规范《固定污染源排气中颗粒物测定和气态污染物采样方法》（GB/T 16157—1996）、《固体源废气监测技术规范》（HJ/T 397—2007）的要求，设计、建设、维护永久性采样口、采样测试平台和排污标志。有废气处理设施的，应在该设施后监测。

（1）固定污染源烟气排放连续监测

根据《固定污染源烟气（SO$_2$、NO$_x$、颗粒物）排放连续监测技术规范》（HJ/T 75—2017），固定污染源烟气在线监测系统（CEMS）安装位置要求如下。

①固定污染源 CEMS 应安装在能准确可靠地连续监测固定污染源烟气排放状况的有代表性的位置上。

②应优先选择在垂直管段和烟道负压区域测定位置，应避开烟道弯头和断面急剧变化的部位。

③为了便于颗粒物和流速参比方法的校验和比对监测，CEMS 不宜安装在烟道内烟气流速小于 5 m/s 的位置。

④每台固定污染源排放设备应安装一套 CEMS。

（2）固定源废气监测采样口及采样平台设置

《固定源废气监测技术规范》（HJ/T 397—2007）对采样口设置及采样平台做了规定。

①采样位置应避开对测试人员操作有危险的场所。采样位置应优先选择垂直管段，应避开烟道弯头和断面急剧变化的部位。

②监测现场空间位置有限，很难满足上述要求时，可以选择在那些比较适宜的管段采样，但采样断面与弯头等的距离至少应是烟道直径的 1.5 倍，并应适当增加测点的数量和采样次数。

③对于气态污染物，由于混合比较均匀，其采样位置可不受上述规定限制，但应避开涡流区，必要时应设置采样平台，采样平台应有足够的工作面积使工作人员能够安全、方便地操作。平台面积应不小于 1.5 m^2，并设有 1.1 m 高的护栏和不低于 10 cm 的脚部挡板，采样平台的承重应不小于 200 kg/m^2，采样孔距平台面为 1.2～1.3 m。

3. 地下水环境监测制度

为了及时准确地掌握建设项目及下游地区地下水环境质量状况和地下水体中污染物的动态变化，应建立覆盖全厂的地下水长期监测系统，包括科学、合理地设置地下水污染监测井，建立完善的监测制度，配备先进的检测仪器和设备。地下水环境监测应参考《地下水环境监测技术规范》（HJ/T 164—2004），结合含水层系统和地下水径流系统特征，考虑潜在污染源、环境保护目标等因素，依据《环境影响评价技术导则 地下水环境》（HJ 610—2016）相关要求布置地下水监测点。

（1）监测点布设原则

建设单位要建立和完善水环境监测制度，以监测厂区及周边地下水。监测点布设应遵循以下原则。

①以建设厂区为重点，兼顾外围，厂区内可能的污染设施如有毒原料储罐、污水储水池、固体废物堆放场地附近均需设置监测点。

②以下游监测为重点，兼顾上游和两侧。

③重点放在易受污染的浅层地下水和作为饮用水水源的含水层，兼顾其他可能受建设项目影响的含水层。

④地下水监测每年至少进行两次，分别在丰水期和枯水期进行，重点区域和出现异常情况时应增加监测次数。

⑤水质监测项目可参照《生活饮用水水质标准》（DB31/T 1091—2018）和《地下水质量标准》（GB/T 14848—2017），可结合地区情况适当增加和减少监测项目。监测项目必须包括建设项目的特征污染因子。

（2）监测方案

①跟踪监测点计划表。地下水环境影响跟踪监测应编制跟踪监测计划表。

②监测点位布设。监测点可采用井点或泉点，监测点位应明确与场界或装置的位置关系，包括方位和处于地下水主径流方向上或优势通道的位置等，有条件的地区，可明确距离场界或装置的距离。监测点位的确定需根据不同场地的特征分别确定，应在对区域水文地质条件、场地水文地质概念模型及候选点的条件进行综合分析的基础上，确定主径流带或优势通道，确保能及时发现地下水污染状况。同时，应明确跟踪监测点的基本功能，如背景值监测点、地下水环境影响跟踪监测点、污染扩散监测点等，必要时，明确跟踪监测点兼具的污染控制功能。

③监测层位。监测层位应包括潜水含水层、可能受建设项目影响且具有饮

用水开发利用价值的含水层。层位的确定依据的原则：含水层结构特点是确定监测层位最主要的依据，不同类型的含水层结构决定着地下水径流特征和污染物迁移特点；含水层之间的水力联系决定污染物迁移方向和迁移能力；建设项目特点也是确定监测层位的重要参考依据。污染物由地表渗入污染地下水的建设项目，重点监测潜水含水层；污染物在地下或者在含水层以下的建设项目，监测层位应兼顾污染物直接进入的含水层；根据不同类型的特征因子的物理、化学性质及在含水层中的迁移转化规律确定监测层位深度。

④监测点数量。首先，一、二级评价的建设项目，其监测点数量一般不少于 3 个，应至少在建设项目场地和上、下游各布设 1 个监测点。一级评价的建设项目，应在建设项目总图布置基础之上，结合预测评价结果和应急响应时间要求，在重点污染风险源处增设监测点。其次，三级评价的建设项目，监测点数量一般不少于 1 个，应至少在建设项目场地下游布置 1 个监测点。

⑤监测因子。监测因子应根据建设项目环境影响识别结果，选择对环境影响大、代表性强的特征组分进行监测。同时，建议测定溶解氧（DO）、氧化还原电位（Eh）、酸碱度（pH）、电导率（EC）及地下水位。

⑥监测频率。监测频率的确定遵循的原则：监测频率的确定主要根据水文地质概念模型，此外还需考虑满足趋势分析的需要；分析监测点位与污染源的关系，对位于污染源下游的点位需增加监测频率；满足精度需要，能区别污染物随时间的变化；能反映污染物的短期波动，如季节性波动；能反映土地利用的变化对水质的影响；对于地下水系统研究程度高、水质监测网已建立和监测数据较多的区域，应根据已有资料对监测频率进行分析确定。地下水监测频率与地下水流动情况以及估计的污染物运移范围有关，地下水运移速率可用以下公式计算。

$$v = KI/n_e$$

式中：K 为系数，I 为水力梯度，n_e 为有效孔隙度。对于大多数场地，这些参数都是未知的，需要根据经验来估算。在有些区域可以参考含水层手册和水文地质图。

监测频率取决于污染物运移范围，根据环境影响评价结果确定。一般情况下，污染物运移速率小于 10 m/a 时，监测频率可以低一些，每 1～2 年监测一次；在污染物运移速率超过 100 m/a 的区域，采样频率应适当高一些（大于每年 2 次）。监测点位选择时要考虑地下水流速情况，在渗透性低的区域，监测点要靠近污染源。

上面的计算公式没有考虑含水层介质的影响。流速主要受污染物种类的影响，污染物运移的速率 u 也可以用下列公式估算。

$$u = v/(1 + K_d \cdot p/n_e)$$

式中：

v——地下水流速，m/d；

K_d——污染物在土 - 水中的分配系数，L/kg；

p——体积密度，kg/cm^3；

n_e——有效孔隙度。

⑦监测井功能。明确跟踪监测点的基本功能，如背景值监测点、地下水环境影响跟踪监测点、污染扩散监测点等，必要时，明确跟踪监测点兼具的污染控制功能。

（3）地下水环境跟踪监测与信息公开计划

地下水环境跟踪监测报告的内容，一般应包括：建设项目所在场地及其影响区地下水环境跟踪监测数据；排放污染物的种类、数量、浓度；生产设备、管廊或管线、贮存与运输装置、污染物贮存与处理装置、事故应急装置等设施的运行状况、"跑冒滴漏"记录、维护记录。信息公开计划应至少包括建设项目特征因子的地下水环境监测值。

第七章　环境风险评价要点

环境风险评价是环境影响评价领域中的一个新课题，伴随着环境影响评价的深入，人们已经从正常事件转移到对偶然事件发生可能性的环境影响分析研究上来。本章主要分为环境风险识别、环境风险预测与评价、环境风险评价案例三个方面，主要包括环境风险识别概述、环境风险的度量、环境风险评价概述、环境风险评价工作的具体内容、案例介绍、案例中的风险识别、案例中的源项分析等内容。

第一节　环境风险识别

一、环境风险识别概述

1. 概念

风险识别是指用感知、判断或归类的方式对现实的和潜在的风险性质进行鉴别的过程。

环境风险识别是指在环境风险事故发生之前，运用各种方法系统地、连续地认识所面临的各种环境风险以及分析环境风险事故发生的潜在原因。环境风险识别过程包括感知环境风险和分析环境风险两个环节。

（1）感知环境风险

感知环境风险即了解客观存在的各种环境风险，是环境风险识别的基础。只有通过感知环境风险，才能进一步在此基础上进行分析，寻找导致环境风险事故发生的条件因素，为拟定环境风险处理方案，进行环境风险管理决策服务。

（2）分析环境风险

分析环境风险是指分析引起环境风险事故的各种因素，它是环境风险识别的关键，也是度量环境风险大小的关键因素。

2. 识别范围

（1）物质危险性识别

①毒性物质。这一物质主要是指当其进入机体后并且积累到一定程度时，能够产生相应的生物物理变化，或是与组织和体液发生生物化学作用，从而在一定程度上引起暂时性或持久性的病理状态，破坏机体的正常生理功能，甚至危及生命的物质。

这类物质主要包括苯、氯、氨、有机磷农药、硫化氢等。通常用毒物的剂量与反应之间的关系来表征毒性。化学物质引起实验动物某种毒性反应所需的剂量是其最常用的单位。

②易燃易爆物质。这一物质主要是指自燃性物质、易燃或可燃液体与固体、氧化剂等具有火灾爆炸危险的物质。

（2）化学反应危险性的识别

化学反应主要可以分为两部分，即危险性化学反应和普通化学反应，其中危险性化学反应是国家重点关注的部分。危险性化学反应主要是指能够生成爆炸性混合物或有害物质的反应。

3. 识别方法

事件树分析和故障树分析是较为常用的两种环境风险识别方法。

（1）事件树分析

事件树分析是利用逻辑思维的形式，分析事故形成的过程。按照事件发展的时序可以将其划分为不同的阶段，即从初始事件出发，对后继事件一步一步地分析。需要注意的是，无论哪一步都必须从两种或多种可能的状态进行考虑，如可能与不可能、成功与失败等，直到最后能够定性、定量地了解整个事故的动态变化过程，用水平树状图表示其后果。这一分析的过程必须包括确定初始事件、描述导致事故的顺序等步骤。

（2）故障树分析

故障树分析方法主要是指确定整个过程中各种因素之间与灾害有关的关系的一种演绎分析方法，如逻辑关系、因果关系等，又可以将其称为事故树分析。这一方法定义了顶上事件，即把系统可能发生的事故放在图的最上面，并且需要以系统构成要素之间关系为根据。中间原因事件是指其他一些原因的结果。基本原因事件主要是指这一事件需要不断完善分析，直到无法继续分析。

故障树则主要是指一种包含各种因素之间关系的逻辑树图形，其中逻辑门符号是连接各个因素的关键，通过对其的计算和分析能够达到评价的目的。故障树分析中的割集主要是指能够引起顶上事件发生的一组事件的组合。

二、环境风险的度量

环境风险的度量就是对环境风险进行测量，包括事件出现的概率大小及后果严重程度的估计。可以通过感性认识和历史经验来判断，也可以通过对各种客观的资料和环境风险事故的记录来分析、归纳和整理，以及必要的专家访问，从而估计出各种明显和潜在的环境风险大小及其损失轻重。

1. 浴盆曲线

一个系统的故障率分布曲线为巴斯塔布曲线，因其形状似浴盆，也称浴盆曲线。从时间变化看，曲线呈现三个不同区段：早期失效期阶段、偶发失效期阶段、损耗失效期阶段。

2. 风险概率的度量

风险概率确定的基本途径包括两个方面：一方面是依据历史上和现实同类事件的调查统计资料确定拟建项目中该类事件发生的概率；另一方面是向专家咨询，最好采用德尔菲法估计事件发生的概率。

3. 最大可信灾害事故确定

为评估系统风险的可接受水平，从中筛选出具有一定发生概率而后果又较为严重且风险值最大的事故作为评估对象，即应选择最大可信灾害事故作为评估对象。当这一事件的风险值超过可以接受水平，就必须制定、采用相应的风险措施降低其风险；当这一事件的风险值处于可接受水平内时，则不需要采取降低风险的措施。

第二节　环境风险预测与评价

一、环境风险评价概述

环境风险评价也称事故风险评价，主要考虑与新建、改建、扩建和技术改造项目（不包括该建设项目）的建设项目（如石油、化工、冶金等行业）联系在一起的突发性灾难事故，如易燃易爆物质在使用和储运过程中发生的大型技术系统的故障和在失控状态下的泄漏等。因此，在进行这些项目的建设过程中，有必要对这些建设项目存在的潜在环境风险进行评价。

1. 环境风险评价的目的和重点

关于环境风险评价，国际上主要分为三种：第一种为概率风险评价，主要

是指对某设施或某项目可能对周围环境造成的影响或对可能会发生的事故进行预测；第二种为实时后果评价，主要是指通过正确的防护措施控制事故发生期间有毒物质的实时浓度分布，从而达到减少事故危害的目的；第三种为事故后果评价，主要是指在事故停止后，通过分析各种危害因素对环境的影响，从而对其进行评价。目前，概率风险评价是我国最常用的一种环境风险评价方法。

综上所述可知，环境风险评价主要是预测和分析某项目、某设施存在的有害因素和潜在风险，以及在其运行期间可能会发生的突发性事故，以及事故发生后可能会造成的对人身安全与环境影响的危害，如引起有毒有害和易燃易爆等物质泄漏等。需要注意的是，这些事故通常不包括人为破坏及自然灾害。除此之外，环境风险评价还要对可能或已经发生的事故提出合理可行的防范、应急措施建议。

2. 基本概念

（1）风险

风险主要是指人们不希望出现的后果的可能性。风险存在于人们生活的方方面面，不同的活动会带来不同的风险。目前风险通用的定义是在一定时期产生有害事件的概率。

（2）重大事故

重大事故是指导致有毒有害物泄漏的火灾、爆炸和有毒有害物泄漏事故，会给公众带来严重危害，对环境造成严重污染。

（3）危险物质

危险物质主要是指对人们身体健康和环境有危害的物质。

3. 环境风险评价标准

环境风险评价标准是相关部门专门为环境影响评价系统的风险性而制定的标准。风险评价标准是为管理决策服务的，是社会对某一风险所能承受的最大阈值，即风险的最大可接受水平。环境风险评价标准包含两方面内容：第一，风险事故的发生概率，如海堤或河堤，其设计堤坝中采用的百年一遇或千年一遇标准即此内容；第二，风险事故的危险程度，这一部分主要是指包括人员的死亡、财产损失率等在内的各种风险事故所导致的损失率。在环境风险评价中常用的标准有以下两类。

（1）补偿极限标准

风险所造成的损失主要包括事故造成的人员伤亡和事故造成的物质损失两大类。一般情况下，物质损失可核算成经济损失，其相应的风险标准常用补偿极限标准，即随着减少风险的措施投资的增加，年事故发生率就会下降，但当达到某点时，如果继续增加投资，从减少的事故损失中得到的补偿就很少，此时的风险度可作为风险评价的标准。

（2）人员伤亡风险标准

一般情况下，人们由于从事某种职业等原因而受到的伤亡概率是一般人能够接受的，也是客观存在的。正常情况下因各种原因而造成的人员死亡率范围是可接受的。要将人员伤亡风险水平降到 $10^{-8} \sim 10^{-4}$ 范围内是可接受的，而要将人员伤亡风险水平降到 10^{-8} 以下所需的代价太大，是不现实的。

4. 环境风险评价与安全评价的区别

在实际评价工作中，两者的侧重点不同，在研究内容上也存在着较大的差别。环境风险评价与安全评价的内容对比如表 7-1 所示。

表 7-1　常见事故类型下环境风险评价与安全评价的内容对比

序号	事故类型	环境风险评价	安全评价
1	石油化工厂输管线油品泄漏	土壤污染和生态系统破坏	火灾、爆炸
2	大型码头油品泄漏	海洋污染	火灾、爆炸
3	储罐、工艺设备有毒物质泄漏	空气污染、人员毒害	火灾、爆炸、人员急性中毒
4	油井井喷	土壤污染和生态系统破坏	火灾、爆炸
5	高硫化氢井井喷	空气污染、人员毒害	火灾、爆炸
6	石化工艺设备易燃烧烃类泄漏	空气污染、人员毒害	火灾、爆炸
7	炼化厂二氧化硫等事故排放	空气污染、人员毒害	人员急性中毒

由表 7-1 可以总结出，环境风险评价与安全评价的主要区别包括以下两个方面。

①环境风险评价不仅关注由火灾产生的热辐射、爆炸产生的冲击波带来的破坏影响，更关注火灾和爆炸产生、伴生或诱发的有毒有害物质泄漏对环境造成的危害或环境污染影响；安全评价主要关注爆炸产生的冲击波、火灾产生的热辐射等带来的破坏影响。

②目前，我国安全评价主要关注的是发生概率相对较大的各类事故，环境影响风险评价主要关注的是发生概率很小，但环境危害严重的最大可信事故。

二、环境风险评价工作的具体内容

1. 环境风险评价工作等级

环境风险评价工作主要可以分为两个等级，其主要依据是环境敏感程度、

物质危险性等因素。

一级风险评价按《建设项目环境风险评价技术导则》（HJ 169—2018）对事故影响进行定量预测。

二级风险评价则主要参照事故影响分析、源项分析、风险识别等因素制定应急、减缓措施。

在进行环境风险评价前，需要对建设项目的初步工程进行分析，选择 1～3 个主要化学品进行风险评价。需要注意的是必须按 HJ 169—2018 中的规定进行物质危险性判定，分为有毒物质、易燃物质和爆炸性物质。

2. 环境风险评价范围

按照危险性物质的工业场所有害因素职业接触限值，以及环境敏感保护目标位置，确定环境风险评价范围。

3. 环境风险评价内容

（1）风险识别

通过风险识别可辨识出风险因素，确定出风险的类型。风险识别主要是指充分利用各种相关资料对风险因素进行判断和定性分析，如建设项目工程分析、相似建设项目所属行业事故统计结果等。风险识别的对象包括生产设施、所涉及物质、受影响的环境要素和环境保护目标。根据有毒有害物质排放起因，将风险类型分为泄漏、火灾、爆炸三种。

（2）风险源项分析

风险源项分析既是环境风险评价中的基础工作，也是环境风险评价中最为重要的内容。在风险识别的基础上，还可以确定主要的危险源。

除此之外，根据潜在事故分析列出的事故树，还能对最大可信事故给出源项发生概率，确定最大可信事故、危险物泄漏量（泄漏速率）等源项参数，为计算、评价事故的环境影响提供依据。源项分析准确与否直接关系到环境风险评价的质量和结论。其中最大可信事故是指在所有预测概率不为零的事故中环境（或健康）风险最大的事故。

（3）后果计算

后果计算主要是指通过分析、计算确定最大可信事故发生后所造成的影响范围和危害程度。可以根据危险类型（火灾、爆炸、有毒有害物质扩散等）分别采用不同的模式、方法进行计算，得到风险评价所需的数据和信息。

（4）风险计算和评价

根据最大可信事故的发生概率、危害程度，计算项目风险是否能够被人们接受以及其大小。

（5）风险管理

风险管理主要是指为了防范、降低和应对可能存在的风险而制定的风险防范措施。由于评价方法的局限性、事故的不确定性等方面的问题，要求在建设项目进行的过程中，制定严格的环境风险管理方案。

风险防范措施主要包括加强危险化学品储运管理、改进工艺技术、调整选址、优化总图布置、增加自动报警和在线分析系统等。

应急预案包括应急组织机构、人员构成，报警和通信方式，抢险、救援设备，应急培训计划，公众教育和信息发布等内容。应特别注意，必须根据具体情况制定防止二次污染的应急措施。

4. 环境风险评价工作程序

一般情况下，完整的环境风险评价工作包括风险识别、源项分析、后果计算、风险评价、风险可接受水平、风险管理和应急措施等，具体工作程序如图 7-1 所示。

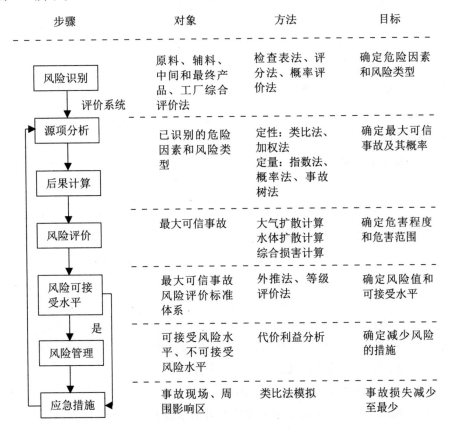

图 7-1　环境风险评价工作程序

153

三、环境风险事故源项分析

对建设项目进行风险事故源项分析，首先需要分清楚建设项目的哪些活动可能会导致出现环境风险，哪些功能单元可能是事故风险发生的潜在位置，这就需要进行潜在风险识别，然后进行事故发生概率计算，筛选出最大可信事故，估算危险品的泄漏量，在此基础上进行后果评估分析。因此，风险事故源项分析的目的：希望通过对建设项目进行危害分析，确定最大可信事故、发生概率和危险性物质的泄漏量，为环境风险管理提供科学依据。

1. 风险源项识别

但凡涉及易燃易爆物质和生产、使用、储存和运输有毒有害物质的建设项目，不论何种类型都应在掌握环境保护与敏感目标资料，以及建设项目情况的基础上进行环境风险源项识别。

需要注意的是，在源项分析的过程中，首先要将整个工厂分解为若干个子系统，以便确定哪些部分或部件最有可能成为失去控制的危险来源。第一步确定危险种类，是火灾、爆炸，还是有毒有害物的泄漏；第二步确定该系统的哪一部分是上述危险的来源，对于有毒有害物的泄漏，主要考虑管道、过滤器、阀门、泵、储存罐（常温常压下）、运输容器等；第三步确定研究的范围，是否包括人为破坏、雷击、地震等造成的风险。

因此，应首先按照环境风险评价的基本内容和评价等级确定风险识别的类型、范围和内容。

2. 源项分析步骤

（1）划分各种功能单元

通常按功能划分建设项目工程系统，可以将其划分为多个单元，如安全消防系统、生产运行系统、环境保护系统等，即将各功能系统划分为功能单元，每一个功能单元至少应包括一个危险性物质的主要贮存容器或管道，并且每个功能单元与其他单元有分隔开的地方，即有单一信号控制的紧急自动切断阀。

（2）筛选和确定环境风险评价因子

筛选和确定环境风险评价因子主要是指列出各单元所有容器中的危险物质清单，并且分析各功能单元涉及的有毒有害物质的储存量，主要包括物料重量、体积、类型、相态、温度，以及压力等多个方面。

（3）事故源项分析和最大可信事故筛选

在筛选过程中，想要确定该风险最大可信事故及其发生概率，可以采用事件树或事故树法。

3. 源项分析方法

源项分析方法包括定性分析方法、定量分析方法和最大可信事件概率法。其中，定性分析方法主要包括因素图分析法、加权法和类比法；定量分析法主要包括指数法和概率法；最大可信事故概率确定方法则主要包括类比法、事故树法和事件树法。

四、建设项目的环境风险评价

根据建设项目的工程特点和环境风险评价工作等级，可以在源项分析的基础上，对建设项目进行环境风险评价。

1. 环境风险评价原则

对于不同的环境介质，不同的风险评价应选择适当的方法分别进行评价。

（1）大气环境风险评价

大气环境风险评价首先计算污染物浓度分布，然后按《工作场所有害因素职业接触限值 第1部分：化学有害因素》（GBZ 2.1—2019）和《工作场所有害因素职业接触限制》（GBZ 2.2—2007）给出该浓度分布范围，同时还要规定接触容许浓度的时间，以及在该范围内的人口分布情况。

（2）水环境风险评价

水环境风险评价以水体中污染物浓度分布等指标进行分析，并与水生生态损害阈值进行对比分析。

2. 环境风险突发事故风险防范措施

在预测的基础上，确定最大可信事故概率，给出环境风险评价结论。针对拟建项目过程中可能涉及的环境风险，给出拟采取的风险防范措施，给出应急预案。

对风险突发事故的防治主要包括以下几点：第一，应广泛宣传，提高各级领导及全民对突发风险事故的防范意识；第二，以"预防为主、安全第一"为方针，严格控制有重大风险事故隐患项目的建设，同时应安装相应的预测报警装置，建立严格的防范措施；第三，加强应急监测的能力建设；第四，建立通信、指挥、监测、救援等紧急救援系统。

成立应急组织机构，其主要职责包括：编制和修订某地区突发环境事件应急预案；负责某地区突发环境事件的监测、预警和预防工作；确定某规划区或工业园区等环境突发事故的防范重点，即大型生产技术系统及污染防治处理设

施、化学品储存仓库以及构成危险源的物品的储存和使用地点、危险化学品运输全过程等；做好日常的安全风险宣传及防范指导工作。

第三节 环境风险评价案例

一、案例介绍

某拟新建石化项目为年产 1200 万吨炼油项目，项目范围分为两部分：一是包括重油催化裂化、常减压装置等在内的厂区内部设施；二是厂区外部，主要是库区、厂外输油管线等。

二、案例中的风险识别

根据 HJ/T 169—2018 的要求，项目风险评价因子为原油、苯、硫化氢气体。根据项目实际情况，将项目分为生产装置区和存储区，确定存储单元其余储罐为重大危险源，需要注意的是这部分不包括焦化气柴油罐。

三、案例中的源项分析

1. 国内外石化行业风险事故统计资料及分析

（1）国外石化行业风险事故分析

通过对国外某一时间段内发生的特大型火灾爆炸事故和损失在 1000 万美元以上的事故进行分析可以得到以下结论：根据发生事故的装置分布的特点分别做统计，其中乙烯及其加工装置（8.7%）、罐区装置（16.8%）、天然气输送装置（8.4%）、加氢装置（7.3%）、烷基化装置（6.3%）的事故率均较高；按发生事故原因分类，阀门管线泄漏事故率占首位（35.1%），其次分别是泵设备故障（18.3%）和操作失误（15.6%）等，具体的事故原因分类分布如表 7-2 所示。

表 7-2　事故原因分类分布

序号	事故原因分类	分布比例 /%
1	阀门管线泄漏	35.1
2	泵设备故障	18.3
3	操作失误	15.6
4	仪表、电器失灵	12.4

序号	事故原因分类	分布比例 /%
5	突沸、反应失控	10.4
6	雷击、自然灾害	8.2

（2）国内石油化工事故资料分析

对全国 25 个炼油厂的事故统计分析结果如表 7-3 所示。

表 7-3　石油炼制系统事故统计分析

系统	装置名称	事故分布分析		原因分析 /%			危害分析 /%			
		单元比例	同类装置比例	人为	设备	自然	火灾	爆炸	设备跑料	人身伤亡
生产运行系统	常减压	7.3	9.7	47.2	47.4	5.2	57.9	15.8	21.1	5.3
	催化裂化	12.4	15.8	71.9	28.1	0	21.9	21.9	50.0	6.3
	铂重整	0.8	2.7	100	0	0	0	0	50.1	50.0
	加氢精制	1.5	7.3	50.0	50.0	0	75.0	0	25.0	0
	硫回收	0.8	3.3	100	0	0	0	0	0	100
	制氢	0.4	2.0	100	0	0	100	0	0	0
	氧化沥青	0.4	1.5	100	0	0	0	100	0	0
	热裂化	2.7	23.3	28.6	71.4	0	57.1	14.3	28.6	0
	焦化	1.5	6.2	50.0	50.0	0	75.0	0	0	25.0
	酮苯脱蜡	3.5	14.5	66.7	33.3	0	11.1	0	77.7	11.1
	石蜡	1.5	7.1	100	0	0	0	75.0	25.0	0
	添加剂	1.5	20.0	75.0	25.0	0	0	25.0	25.0	50.0
	对甲酚	0.8	40.0	100	0	0	50.0	0	0	50.0
	催化剂	1.5	26.0	100	0	0	0	0	75.0	25.0
共用工程	电气	9.7	—	72.0	24.0	4.0	8.0	0	40.0	52.0
	锅炉	1.6	—	62.5	37.5	0	12.5	0	62.5	25.0
	给排水	2.4	—	83.3	16.7	0	0	25.0	16.7	58.3

系统	装置名称	事故分布分析		原因分析 /%			危害分析 /%			
		单元比例	同类装置比例	人为	设备	自然	火灾	爆炸	设备跑料	人身伤亡
其他	储运	32.1	—	76.9	21.8	1.3	2.6	10.3	75.6	11.5
	检修	11.2	—	89.7	10.3	0	3.4	6.9	3.9	82.8

2. 最大可信事故确定及其源项分析

最大可信事故类型主要包括恶臭气体、毒物、火灾等。项目最大可信事故确定如表 7-4 所示。

表 7-4 最大可信事故确定

序号	功能单元	装置/罐区	危险因子	最大可信事故
1	生产单元	硫黄回收装置	H_2S	酸性气分液罐至酸性气燃烧炉的酸性气管断裂，H_2S 气体全部泄漏至外环境
2	存储单元	厂区原油储罐	原油、SO_2、CO	原油泄漏至围堰形成液池，遇明火发生火灾事故，生成 CO、SO_2 扩散至大气环境
3		厂区苯储罐	苯	装卸、倒罐过程中设备故障，管口破裂或误操作导致苯泄漏
4		库区原油储罐	原油、SO_2、CO	油泄漏至围堰形成液池，遇明火发生火灾事故，生成 CO、SO_2 扩散至大气环境

最大可信事故源项如表 7-5 所示。

表 7-5 最大可信事故源项

事故类型	序号	装置名称	最大可信事故描述	评价因子	释放率/(kg/min)	释放量/t	释放时间/min	释放高度/m
火灾	1	厂区原油罐	原油泄漏至围堰形成液池，遇明火发生火灾事故，生成 CO、SO_2 扩散至大气环境	CO	4 634.4	278.1	60	10
				SO_2	1 287	77.2		
	2	库区原油罐	原油泄漏至围堰形成液池，遇明火发生火灾事故，生成 CO、SO_2 扩散至大气环境	CO	3 553	213.2	60	10
				SO_2	986.7	59.2		
	3	厂区苯储罐	苯储罐底部相连管线全管径断裂，液苯全部泄漏至围堰，遇明火发生燃烧，未参与燃烧的液苯挥发至外环境（挥发量为苯存量的3%）	苯	2 640	79.2	30	0.55
气体泄漏	4	硫黄回收	硫黄回收装置酸性气分液罐至酸性气燃烧炉的管线断裂，管内硫化氢气体泄漏至外环境	H_2S	26.8	0.804	30	3

3. 最大可信事故影响预测结果

经预测，项目最大可信事故产生的各种污染物超过立即威胁生命和健康浓度（IDLH）、半致死浓度（LC_{50}）对应的安全距离如表 7-6 所示。

表 7-6 最大可信事故影响预测结果

序号	事故类型	预测因子	对应标准	标准浓度 /（mg/m^3）	对应安全距离 /m
1	厂区原油储罐火灾事故	CO	IDLH	1 700	3 630
			LC_{50}	2 069	3 150
		SO_2	IDLH	270	5 500
			LC_{50}	6 600	390
2	库区原油储罐火灾事故	CO	IDLH	1 700	2 980
			LC_{50}	2 069	2 570
		SO_2	IDLH	270	4 500
			LC_{50}	6 600	340
3	厂区 H_2S 其他泄漏事故	H_2S	IDLH	430	400
			LC_{50}	618	240
4	厂区苯储罐泄漏事故	苯	IDLH	9 800	1 010
			LC_{50}	31 900	430

第八章　环境影响评价制度发展展望

随着城市化进程的不断加快，环境问题日益严重，复杂的社会活动给环境带来了严重的影响。在我国现阶段，环境污染问题严重影响了社会经济的快速发展。本章主要分为战略环境影响评价、规划环境影响评价、排污许可证制度三部分，主要包括战略环境影响评价概述、战略环境影响评价系统、战略替代方案及其环境影响减缓措施、规划环境影响评价的发展历程、规划环境影响评价的内容、排污许可证制度基本概念、排污许可证制度基础理论、排污许可证制度基本框架等内容。

第一节　战略环境影响评价

一、战略环境影响评价概述

1.战略环境影响评价的定义

战略环境影响评价概念的最初提出是在 20 世纪 80 年代末期。

从具体形式看，可以将战略范畴划分为四种不同的层次类型，即法律、政策、计划和规划。因此，相对于项目，战略通常具有全局性、长期性、规律性和决策性等特点。

战略环境影响评价是对一项具体战略及其替代方案的环境影响进行的正式的、系统的、综合的评价过程，主要是指在法律、政策、计划和规划上的应用，即在战略层次上应用环境影响评价的原则和方法。这一评价的目的在于利用 SEA 从源头上控制环境污染、生态破坏等环境问题，降低或消除因战略缺陷对环境造成的不良影响。欧美一些国家还称之为计划 EIA 或政策、计划和规划 EIA。

2.战略环境影响评价的意义

开展 SEA 研究的意义主要表现在两个方面：一是 SEA 有利于克服传统项目 EIA 的不足；二是有利于实现可持续发展，为社会、经济、环境发展综合决策提供技术支持。

（1）克服项目 EIA 的不足

在最初，EIA 主要应用于建设项目和工程层次。但是，随着环境问题的日益复杂化和社会经济的发展，项目 EIA 逐渐暴露出以下不足之处。

①由于建设项目的决策常常处于整个决策链的末端，建设项目 EIA 也只能在这一层次上做减污努力，而不能从根源上解决环境问题。而 SEA 要求在战略决策中就考虑战略方案可能的环境影响，并将评价结论反馈于战略方案，因而保证了从战略源头上控制环境问题。

②单个项目 EIA 难以对多个项目累积影响进行充分考虑，没有注重几个建设项目的综合效应。根据现行的规章制度，规模小的建设项目可以不进行 EIA，但这些小的建设项目的环境影响积聚到一起，可能通过系统放大作用逐渐显著，并最终导致整个系统功能受损甚至崩溃。一般来说，根据系统学理论，同一区域污染源的综合环境影响要大于单个污染源环境影响之和。而项目 EIA 只是针对具体项目，很少或没有考虑这一项目及与该项目相关的其他项目的环境影响的综合效应。

③项目 EIA 只关注了建设项目的间接环境影响和项目废弃后的环境影响，或是一定范围内由于该项目建设、运营直接导致的环境影响，如公路建设项目完成后可以带动公路两旁的工业、商业、饮食业和服务业发展。但这些项目下游的间接环境影响却没有体现在该项目 EIA 中。同样，核电站建设之初的 EIA 也很难体现核电站废弃后对环境的持续影响。

④项目 EIA 没有将项目的环境影响与当地环境承载力相结合考虑，也没有体现项目的全球影响。项目 EIA 一般不会考虑区域环境承载力，仅仅是结合区域环境质量现状和环境质量标准来进行的。一旦环境影响超过了环境承载力，环境质量就会下降。而且，项目 EIA 仅仅关注项目所在区域的环境影响因子，很难体现该项目可能造成的项目区域以外的影响。

此外，项目 EIA 中的替代方案在很多情况下所起的作用有限，并且局限于这一项目。制定的减缓措施也往往是在项目的主要决策完成后才进行的，仅停留在减少污染上，难以预防污染产生。

SEA 是在决策初期介入的，贯穿战略决策的全过程，可以考虑更长时间和更大空间范围的一系列项目环境影响情况。SEA 可以从决策、建设、运营、生产制造和污染物排放等全过程制定环境影响减缓措施，实施全过程的污染控制。

（2）实施可持续发展战略

一方面，建设项目的生命周期一般在十几年，长的也不过几十年，而可持续发展强调代际公平。SEA 的主要职责就是从环境的角度出发，提出符合可持续发展要求的补救措施和替代方案，衡量战略的可持续性，从而为战略的决策和实施提供环境依据。因此，人们常常将 SEA 作为联系具体项目和可持续发展的桥梁，是实现可持续发展的重要工具之一。

另一方面，要实现可持续发展，必须改变我国目前分割式制定相关政策的做法。政府在进行决策的过程中，应根据社会、经济、环境发展的要求，全面、科学、合理地制定各项战略，即进行社会、经济、环境发展的综合决策。实施 SEA 的目的是通过分析、预测、评价战略环境影响，将对环境更为系统的考虑纳入战略决策中，从而提高决策的质量。因此，SEA 是保证综合决策顺利实施的重要手段。

3. 战略环境影响评价的类型

根据在战略环境影响评价过程中的介入时机可将 SEA 分为以下几类。

①监控性 SEA。监控性 SEA 重在对战略组织、战略执行的环境影响进行监测、评价，主要针对战略实施阶段。

②回顾性 SEA。回顾性 SEA 的主要任务是评价战略执行后已经产生的环境影响，是针对正处于调整中的战略。

无论哪种类型的 SEA，虽然其介入时间不同、研究目的不同、研究方法不同、研究重点不同，但都是同一 SEA 方案对同一战略在不同阶段的实施。二者的评价体系相同或相似，也没有严格的时间界限，其评价结论都应体现在战略目标制定和战略方案设计上。

4. 战略环境影响评价的发展

SEA 是一项对政策、计划及其替代方案的环境影响进行综合的、系统的、正式的评价过程，主要是指在战略层次上应用环境影响评价的原则与方法。其主要目的是从源头上控制环境污染与生态破坏等环境问题，降低因战略缺陷对未来环境造成的不良影响。

20 世纪 80 年代，我国基本没有政策层次的 EIA。近年来，我国不断扩大经济活动范围和规模，自然资源开发利用、产业发展，以及区域开发等活动均对环境造成了较大的影响，重大战略决策所造成的各种环境问题更是成为阻碍我国可持续发展的重大问题。20 世纪 90 年代中期，SEA 的概念被引入中国。随着研究队伍的增多和对 SEA 重视程度的不断增大，SEA 在中国逐渐发展起来。

2003 年 9 月 1 日生效的《中华人民共和国环境影响评价法》从法律上确立环境影响评价在规划层次上包括"一地三域"，即土地利用、海域、流域、区域综合性规划，十类专门性规划，即自然资源开发、旅游、工业、农业、城市建设、交通、畜牧业、林业、水利、林业；其指导性规划需要开展 EIA。

可以预计规划层次的 SEA 将在中国广泛开展，而且政策层次的 SEA 也将得到重视并逐渐开展起来，届时有望建成涵盖政策、规划、计划三个层次的、相对完整的 SEA 体系。

二、战略环境影响评价系统

1. 战略环境影响评价系统的特点

（1）独立性

SEA 的独立性指 SEA 的评价主体最好是战略决策部门和执行部门以外的第三者。独立性是保证 SEA 公正性和客观性的前提。

（2）可信性

SEA 的可信性与评价方法的适用性、信息的可靠性，以及评价者的知识和经验密不可分。SEA 通常是一个由多名相关学科、跨专业、经验阅历丰富的专家组成的工作小组承担，不仅要借助 GIS、遥感技术和计算机技术，还要深入实际调查研究，通过公众参与等形式尽量获取全面、客观的信息。

（3）实用性

SEA 的实用性是内容可操作性和全面性的统一，要求在满足客观地反映战略环境影响评价情况的前提下，尽可能精简，使其同时具有可操作性。

（4）透明性

SEA 的透明性是指公众与决策部门、评价者便于对 SEA 的实施过程和评价结论进行交流，这就要求 SEA 报告书针对性强。

（5）反馈性

SEA 的目标是将评价结果反馈到战略决策部门，从而为战略调整提供环境依据，因此，需要一个有效的 SEA 信息反馈交流系统作为技术保证。另外，SEA 的评价结果应全面、客观、简明地提供给公众，尤其是受其影响的公众，以及对这一战略感兴趣和关心这一战略的其他公众。这也是公众参与战略决策以及决策民主化、科学化的重要体现。

2. 评价主体与评价客体

（1）评价主体

①司法机构。这一机构顺应了民主化潮流，具有广泛的综合性，是 SEA 系统的评价主体。但是，这一机构存在着评价周期长、人力和财力需求大、不易达成统一的结论等弱点。另外，SEA 一般专业性较强，作为司法机构，其专业限制有时难以满足 SEA 的要求。

②研究机构。作为 SEA 系统的评价主体研究机构，集中了大批高级专家和专业技术人员，评价者以专门技术和专业化的知识为依据，常常能够不带偏见、较为客观地进行 SEA 工作，与其他类型的评价者相比，其在 SEA 工作中优势明显。需要注意的是，这一机构如果没有决策部门的大力支持，不仅在搜集资料方面十分困难，还较难在战略活动初期介入并开展 SEA。

由于 SEA 本身的综合性、复杂性及不确定性等特征，一般 SEA 都由一个专家小组来承担。评价小组一定要由多学科、多层次的专家组成。

（2）评价客体

评价客体主要是指 SEA 系统中的评价对象。需要注意的是，SEA 系统评价对象的战略也可能是已经对生态环境产生重大影响的战略。

3. 评价目的与标准

（1）评价目的

从某种程度上来看，评价目的决定了 SEA 工作的评价标准、基本方向和内容，是 SEA 工作的出发点。一项 SEA 工作应当达到的目的主要包括六个方面。

一是识别人们关注的有关环境效应。

二是准确、客观、及时预测战略环境效应性质及大小。

三是列出采用的环境影响因子并确定各自权值。

四是阐述并分析战略内容及其替代方案。

五是确定每一个单项环境影响及总环境影响。

六是提出战略调整、修改与完善的建议。

（2）评价标准

从评价标准的内容来看，主要包括指标体系和评价基准；从其性质方面来看，主要包括定量标准、定性标准。

①指标体系。在 SEA 中，指标是用来揭示和反映环境变化趋势的工具，具体包括标示和描述环境背景状况、可预测的战略环境效应、替代方案对比，以及监测战略执行情况与战略目标的偏差等。由于涉及领域广，也就决定了指

标评价的复杂性，这也是客观地描述和评价战略环境影响所必需的。

在 SEA 的评价中，评价指标体系主要是指具体评价内容，即评价因子。在建立 SEA 评价指标体系时，应遵循动态性与相对稳定性、充分性、目的性、系统性、同趋势性、可操作性的原则。

SEA 的评价指标体系在内容上应包括五个层次，即社会指标、人口指标、资源指标、环境指标、经济指标，而每个子层次的指标又可进一步划分为更小的指标，从而形成了 SEA 的评价指标体系。

②评价基准。对应于不同层次、不同类型、不同特点的指标，应采用不同类型的评价基准。SEA 的基准值主要包括两个方面。

一是定量基准值，主要通过现行的环境标准值、类比情况等来确定。

二是定性基准值，可以用人们可接受水平、同战略标准的一致性与兼容性等来描述。一般情况下，层次越高的指标越不易被定量化。

4. 评价方法

（1）传统 EIA 方法

从战略层次上来看，传统 EIA 方法通过适当修正后可用于 SEA。传统 EIA 方法包括以下几个方面。

①环境经济学方法。例如，投入产出分析法、费用效益分析法、资源核算法等。

②综合评价方法。这一方法适用于 SEA 领域，是定性方法和定量方法的最佳结合，主要包括流程图法、矩阵法等。

③系统模型方法。这一方法是根据系统学原理发展起来的最有发展前景的定量方法。

④定性分析方法。此方法主要包括头脑风暴法、德尔斐法等。

⑤数学模型方法。这一方法中被人们广泛应用的是定量分析方法。

应用于 SEA 的传统 EIA 方法，多数是定性方法和综合性方法。传统 EIA 方法在应用上比较成熟，但与项目 EIA 相比，SEA 的研究对象宏观性更强，涉及环境因子更多，各评价因子之间的关系也更复杂。因此，项目 EIA 的方法能否应用于更高层次的 SEA，应慎重对待。

（2）政策评价方法

SEA 同时也是政策评价向环境领域的延伸，由此可知，在 SEA 中也可以应用部分政策评价的方法。政策评价的方法主要包括政策分析方法（包括政策可行性分析、政策三维分析等）、政策预测方法（多是以定性为主的主观预测方法）、政策效果评估方法（包括政策对比评估、政策价值评估、政策效益评估和政策效率评估等）。其具体方法包括：对比分析法，即有无对比分析法、前后对比分析、类比分析等；成本效益分析法；统计抽样分析法，包括任意抽样法（包括单纯随机抽样法、机械随机抽样法、分层随机抽样法、整群随机抽样法等）和非任意抽样法（包括随机抽样、判断抽样、定额抽样等）。

需要注意的是，经济效益和效果评价、政策的社会评价，以及经济影响评价等是传统政策评价方法的重心，很少涉及政策环境影响评价，因此政策评价方法应用于 SEA 也有其固有的局限性。

三、战略环境影响评价的工作程序

1. SEA 工作方案的制定

（1）明确评价范围和评价力度

从空间上来看，SEA 的评价范围主要包括战略实施区域和受影响区域，对实施区域以外的区域产生环境影响的途径有两个。

①通过经济系统传递，如西欧国家农业政策的实施，通过贸易造成东南亚国家热带雨林的大面积砍伐。

②通过环境介质传播。受战略影响的区域范围通常需要通过专家评判法和实际调查法予以确定，如酸雨问题。

从时间上来看，SEA 的评价范围不仅包括战略中止后原有战略的"惯性"导致的环境影响，还包括战略实施阶段的环境影响。因此，确定该战略的社会文化背景及人们的认可程度时，需要综合考虑。

由于不同战略的生态影响在多个方面存在差异，如影响的程度、性质和方式等，因此，在制定 SEA 的评价方案时必须以战略的对象、内容、特点、实施和评价区域的环境特征等为依据。

（2）选择评价标准

SEA 的标准体系是在战略环境影响识别的基础上建立起来的，是对战略环境影响具体的、系统化的反映，同时，标准体系还是对 SEA 评价内容、评价重点、评价力度等具体工作方向的规定。从某种意义上讲，SEA 标准体系的合理与否将直接影响 SEA 的工作质量。因此，建立一个科学、合理、实用的评价标准体系是 SEA 工作实施的一个重点内容和关键环节。一般情况下，SEA 的标准体系应由指标体系和评价标准两部分组成。

①建立 SEA 指标体系。SEA 指标体系是由不同定量化程度、不同来源、

不同性质、不同内涵、不同内容、不同属性的众多指标构成的一个具有多领域、多层次的系统。因此，在选择 SEA 指标的过程中，要以战略环境影响识别为基础，可以借鉴国外 SEA 研究和实际工作中的指标设置及项目 EIA 的评价指标，并结合合理分析和环境背景调查情况，从原始数据中筛选出评价信息，通过公众参与、专家咨询、理论分析等建立 SEA 指标。

在 SEA 的指标体系中，可以通过主观评分法、层次分析法、灰色关联分析法等来确定各指标的权重。

②确定 SEA 评价基准。任何评价都是通过和"评价基准"的比较，实现标示、测度、反映评价对象的变化特征的。因此，在 SEA 的指标体系建立以后，接下来的工作就是确定评价基准。评价基准包括定量评价基准和定性评价基准。

A. 定量评价基准。

（a）现行环境标准，主要包括已实施污染物排放总量控制的地区遵守的总量控制目标、污染物排放标准，以及环境质量标准。从层次上来看，又可以将环境标准划分为国际环境保护条约、行业标准、地区标准和国家标准。需要注意的是，有关自然资源保护规定也属此类。

（b）类比标准，主要是指将与评价区域的社会经济环境条件相似的生态环境质量作为 SEA 系统的评价标准，或是战略目标所要求的情况，或是最为理想的状况指标等。

（c）背景或本底标准，主要是指以战略实施范围内的生态环境背景值作为评价标准，如植被覆盖率、水土流失本底、自然资源现有存量等。

B. 定性评价基准。这一标准包括战略标准的一致性、合法性、可接受性和兼容性等。

2. SEA 的工作实施

（1）评价信息收集

在 SEA 中，评价信息收集属于基础性工作，其主要任务是利用多种调查手段和先进技术设备，收集第一手资料，包括实施过程、战略内容，以及与战略相关且符合当时社会经济和环境的资料。收集资料的方法有许多种，如 GIS 技术收集法、实验室模拟法、查阅文献法、类比调查法、实地调查测试法等。在选择、使用方法的过程中，往往会采用多种技术相互配合的集成方法，从而保证收集的信息具有广泛性和准确性。

（2）评价信息处理分析

一般情况下，都要对收集来的原始数据进行一定的分析、整理、统计和处理，为后续研究提供便利。

（3）评价结论

利用 SEA 相应的损害函数、预测模式、评价模式，同时以数据处理分析为基础，得出评价结论。

3. SEA 的工作总结

工作总结作为 SEA 工作的最后一个阶段，是整个 SEA 工作的成果体现，其主要任务包括以下两个方面。

（1）编制 SEA 报告书

这一环节的主要任务是形成一份有关战略环境效益的材料，从而便于后续工作的顺利开展。SEA 报告书是对 SEA 工作全过程的总结及成果体现，不仅是为公众与其他决策者提供关于该战略方案对未来环境造成影响的资料，还是决策者进行战略决策的环境依据。因此，SEA 报告书应全面、客观、概括地反映 SEA 的全部工作。

对 SEA 报告书的具体要求是内容详略得当、重点突出，文字简洁、准确；结论明确；表述通俗，尽可能用非专业术语，以便于决策者、公众等非专业人员全面、准确、迅速地了解 SEA 的有关情况。

SEA 报告书的格式可参照国内项目环境影响评价的要求以及国外 SEA 报告书的情况。SEA 的内容可以根据具体的评价范围、评价力度和资料情况而定。SEA 报告书的具体格式和内容如下。

①封面。这一部分应该包括战略名称、评价单位名称、评价执行者、评价时间等。

②总论。这一部分具体包括编制报告书的依据、目的、工作等级、评价标准、评价范围等。

③战略分析。这一部分主要包括战略内容分析（战略行动计划、战略对象分析、战略目标、战略措施等）、战略过程分析（包括战略形成过程分析和战略实施过程分析）和战略组织分析（包括战略制定者及战略执行者的组成、分工、联系、协调）三个部分。

④评价区域环境状况描述。从时间上来看，这一部分主要包括战略执行前、执行中和执行后的环境状况。

⑤战略环境影响预测、评价及防范措施。这部分是整个 SEA 报告书的核心，包括战略所引致的战略环境效应预测、社会经济活动预测、战略环境效应的费用效益（或效果）分析和防治措施。

⑥替代方案分析。替代方案原则上应达到拟订战略方案同样的目标和效益，

在 SEA 中应该定量描述替代方案在环境方面的优点与缺点。

⑦综合评价。这一部分把原有战略方案附带环境影响防治措施后的战略调整方案，以及战略替代方案环境效应的费用和效益（或效果）放在一起按效费比排出各方案的优劣顺序。

⑧公众参与。这部分内容包括各种参与者构成、地域特征、参与方式、介入时机、公众对战略方案的反馈意见及相应的措施建议。

⑨结论。按下列形式之一给出评价结论，如否定或中止该战略、接受一个或几个替代方案、修正本战略方案或制定补救措施、接受这一战略方案或该战略方案继续进行。

上面给出的是一般情况下 SEA 报告书的框架，不同层次、不同类型的 SEA 在要求上有其自身特点，因此可根据实际情况增加或删减一些评价内容。另外，简评和详评之间在评价内容、工作等级上也应有所不同。

（2）评价工作的总结

由于 SEA 正处在发展初期，因此每次 SEA 工作完成后的总结对于检验 SEA 的理论和方法，完善 SEA 理论体系，进一步指导以后的 SEA 工作具有十分重要的意义。

四、战略替代方案及其环境影响减缓措施

SEA 通过系统、科学、正式的评价，在建议方案与众多替代方案中选择能够以最小环境代价同样可以达到既定战略目标，且在技术条件、资源条件、社会认同等方面可行的战略方案。同时，对其可能的环境影响提出减缓措施，使之消除或降低到合理的、可接受的水平。战略替代方案及环境影响减缓措施是整个 SEA 工作的重点内容，同时也是最为关键的环节之一。

1. 战略替代方案分配

战略替代方案又称可供选择方案或备选方案，具体是指能够实现与建议方案具有共同战略目标的、解决各种困难的其他实施方案。决策就是从建议方案和众多替代方案中选择一个环境代价小、经济和社会效益高的最佳方案，或者是能够实现社会、经济、环境"三效益"的最佳均衡方案。

（1）战略替代方案的制定原则

①充分性原则。制定战略替代方案，应充分考虑，从不同角度去设计，这样才能保证战略替代方案的多样性特点，为战略决策提供更为广泛的选择余地，并且不失去任何可供选择的机会。

②现实性原则。现实性原则就是要求所制定的战略替代方案在现实中具有可行性，即从技术条件、拥有的资源、时间尺度、政治氛围等方面可行。

（2）战略方案的对比内容

战略方案的对比内容包括战略方案的运行成本和战略方案的效益或效果。战略方案运行成本体现在战略方案制定、执行及战略效应等各个方面和各个阶段，按涉及因素分为社会成本、经济成本、环境成本，从性质上分为有效成本和无效成本。在实际中，每个方面的战略成本的确定都将是极其复杂的。战略运行的经济成本一般可以通过市场信息，利用市场观察可以加以确定；社会成本和环境成本的确定则要通过支付意愿法、替代市场法等进行。战略方案的效益也可以分为社会效益、经济效益、环境效益三个方面，战略方案的效益确定同样是一项复杂的、难度极大的工作，甚至有时无法做定量分析。在这种情况下也可以定性制定战略方案的结果或效果。

2.战略环境影响减缓措施

战略环境影响减缓措施主要是针对潜在的环境影响进行的，是指用来补偿、修复、避免、降低战略环境影响的措施。

（1）避免措施

避免措施是用来消除战略方案中对环境有害的要素，如尽可能地消除战略缺陷。

（2）最小化措施

最小化措施是指通过限制和约束行为的规模、强度或范围，尽可能地使环境影响最小化。

（3）减量化措施

减量化措施是指通过采取行政措施、经济手段、技术设备等强制性控制措施，降低环境影响。

（4）修复补救措施

修复补救措施是指对已经受到影响的环境进行修复或补救，如通过封山育林来修复已经遭受破坏的森林生态系统。

（5）重建措施

重建措施是指对无法恢复的环境，通过重建的方式来代替原有环境，如建造动物园来取代已经被破坏的野生动物栖息地。

第二节 规划环境影响评价

一、规划环境影响评价的发展历程

早在 20 世纪 90 年代，我国政府的重要文件中已经提出 SEA 的必要性。1994 年 3 月 2 日国务院审议通过的《中国 21 世纪议程》要求政策部门在制定政策、规划及开展过程中和企业立项时，对可持续发展可能产生的影响做出评估。

《中国环境保护 21 世纪议程》一书中也指出，环境保护部门要积极主动参与重大产业和经济技术政策的制定，参与区域开发、生产力布局和资源优化配置等涉及国民经济与社会发展全局性工作的综合决策。

在我国，规划环境影响评价是一项全新的工作，在国外，其也处在理论研究和探讨阶段。我国在对规划环境影响评价立法以及配套法规的制定过程中，充分吸收了欧盟、加拿大、南非等国家在战略环境影响评价理论方面的研究，并与中国的具体实际相结合，走出了一条颇具中国特色的战略环境影响评价之路。随着理论研究的深入和实践经验的积累，我国规划环境影响评价还将不断充实和完善。

1. 规划环境影响评价的类型

规划环境影响评价按类型可分为综合性规划、专项规划。综合性规划是指规划内容较宏观、规划期限较长的规划。所谓专项规划，是与综合性规划相对而言的，一般是指规划的范围或者领域相对较窄，内容比较专门的规划。在专项规划中有一类指导性的规划，这类规划主要是提出预测性、参考性的指标，规划内容也比较宏观，其性质上类似于综合性规划。不同类型的规划环境影响评价的要求不同。

（1）专项规划

工业、农业、水利、交通、自然资源开发的有关专项规划应编写规划的环境影响评价报告书，并通过由环保行政主管部门或其他部门组织的专家评审。考虑到环境影响评价的实施模式（内部评价及外部评价），又可将此类规划进一步分为 A、B 两类。

①A 类规划。拟议的规划将会对全局或重要地区（如水源保护区）的环境、环境敏感区（包括候鸟保护区、湿地、森林植被）以及空气、水体（尤其是重要景观水体）、声和土壤等环境要素产生重大的不良影响，而且这些影响对自

然和社会经济是敏感的、多种的或空前的和累积的，同时有可能超出制定规划时能显著察觉的范围。这类规划归入 A 类。

A. 评价单位的要求。对于高环境风险、争议大或涉及多方重大环境利害关系的 A 类规划，制定者应聘请一个由独立的、由国家环境保护总局推荐或授以资质的评价单位，或者由环境评价专家组成的独立的评价工作组，对该规划进行全面详细研究与评价，并提交专门的评价报告书。其评价的主要成果和结论应融合于规划制定之中。

B. 报告书的审查。评价报告书必须在该规划提交正式审批前，提交环保主管部门组织的专家审查，批准后与其他资料一并交给规划的审批机构。环保主管部门应按可持续发展的准则和要求，组织专家审查该规划显著和潜在的、积极和消极的环境影响，并与其他可行的替代方案（包括"无行动"情况）做对比，以推荐出较优的规划方案及相应的预防、最小化、舒缓、削减或补偿不良影响及改善环境功能的各项措施，使拟议的规划与可持续发展总目标一致。

C. 规划的审批。规划的审批机构将评价报告书及其审查意见作为全面评估该规划的必不可少的内容。

②B 类规划。凡拟议的规划对全局或重要环境地区、环境要素等的环境影响小于 A 类，且这些影响是小规模的，很少是不可逆的，而且需采取的预防、舒缓和补偿措施相对 A 类容易，则划归为 B 类。

A. 评价单位。B 类规划应编写专门的评价报告，其评价结论应反映在规划中。对于 B 类规划可采取"内评"或"外评"模式。鼓励具有实施规划的环境影响评价能力及相应资质的规划编制部门开展评价（内部评价）。规划编制部门因疏于评价而造成重大环境污染和生态破坏时，课题负责人应承担相应责任。

B. 审查与审批。评价报告书必须在该规划提交正式审批前，提交给环保主管部门组织专家审查，规划的审批部门将评价报告书及其审查意见作为全面评估该规划的必不可少的内容。

应按要求加强对 B 类规划的显著和潜在的、积极和消极的影响的审查，以及推荐可用于预防、最小化、舒缓、削减或补偿不良影响及改善环境功能的各项措施。

（2）指导性规划

土地利用的有关规划及专项规划中的指导性规划属于 C 类和 D 类，应编写专门的环境影响篇章或者说明；流域、海域相关规划的环境影响评价可参照区域环境评价的相关要求进行。

①C类规划。此类规划包括土地利用的相关规划，以及A类转向规划中的指导下规划（政策导向性规划）。这类规划往往对社会、经济、环境的直接影响不大，但是潜在影响显著。对此类规划的具体要求如下。

A.评价单位。C类规划的环境影响评价应与该规划的编制同步进行，因此，可采取"内评"模式。如果采取"外评"模式，评价单位应与规划的编制部门协同工作，互相配合，评价结论与研究成果充分、及时反映在规划草案中。环境影响评价的重点应体现为通过评价所确定C类规划的环境目标及环境保护的框架原则对于其他规划编制的指导意义及有效性上。

B.审查与审批。C类规划提交正式审批前，应提交给环保主管部门组织专家审查该规划的环境影响的专门篇章或说明。

②D类规划。D类规划一般为B类专项规划中的指导性规划（或政策导向性规划）。D类规划应当提供一份简要说明，并送交环保主管部门备案。此类规划经过筛选后有以下两种情况。

A.整体上无显著和潜在的重大不良环境影响，但只有一个组分或若干次要组分或项目对环境有显著和潜在的重大、不良的环境影响，则可将规划环境影响评价分解至各相关项目环境影响评价中。

B.环境影响很小、影响不显著或基本无影响的规划。

2.规划环境影响评价中的组织

规划环境影响评价中主要涉及规划的编制部门、评价机构、环保行政主管部门、审查专家组、公众参与和规划的审批部门。

（1）规划编制部门

规划编制部门负责拟订或起草规划的编制计划、规划文本，并组织、实施经批准后的规划。在实施规划环境影响评价过程中，其主要职责包括：提出规划环境影响评价实施建议；组织与实施该项规划环境影响评价，包括确定评价的具体承担机构（或决定采用内部评价模式），为评价工作提供条件与协作，组织或报送审查评价大纲、报告书，并对评价工作的质量与结论负责；修订规划草案；接受政府及其环境保护行政主管部门的监督。

（2）评价机构

评价机构负责编制规划环境影响的篇章，说明或评价工作大纲及评价报告。规划环境影响评价应由一个包含环境、经济、社会、法律等多学科，多层次专家的课题组承担。其主要职责包括：编制评价工作大纲及评价报告（篇章或说明）；组织公众参与；接受审查专家组的评审，并按评审及批复的意见修订工作大纲及评价报告；如果不采纳，说明理由；开展规划环境影响评价的后续跟进工作。

在条件成熟时对评价单位进行能力评估与资质管理。对规划编制部门及作为具有独立法人资格的研究咨询机构的评价单位开展规划环境影响评价的能力进行评估，并实施评价资质管理。如果规划编制部门缺少相关规划的环境影响评价的技术能力，应采取外部评价模式。

（3）环境保护行政主管部门

国家和各省、自治区、直辖市的环境保护行政主管部门是规划环境影响评价的审核、监督与行政主管机构。

环境保护主管部门的具体职责包括：审查提出各专项规划编制计划时的规划环境影响评价实施建议；组织规划的评价大纲及报告书的审查；编制规划环境影响评价的相关管理制度、政策与技术规范，并组织实施；对评价机构进行监督及资质管理；组织相关科研与技术开发，包括建立和完善基础数据库；组织评价人员培训。

（4）审查专家组

审查专家组负责规划环境影响评价工作大纲及报告书的评审。审查专家组的人员构成应由环境保护部门会同负责该规划编制的行政主管部门确定。环境保护部门应建立规划环境影响评价相关领域的专家库。

（5）公众参与

在该规划编制过程中，举行论证会、听证会或采取其他形式，征求公众对环境影响报告书草案的意见。

（6）规划的审批部门

规划环境影响评价报告书要与规划草案一起报送审批部门。审批部门一般是规划组织编制部门所在辖区人民政府、人民代表大会及其常委会、上一级的行业主管部门及环境保护主管部门。

二、规划环境影响评价的内容

1. 规划环境影响评价的基本内容

规划环境影响评价的内容主要包括规划分析、现状调查与分析、确定环境目标和评价目标、环境影响分析与评价、环境承载力分析、规划环境可行性和合理性综合论证、监测与跟踪评价等几个方面。

（1）规划分析

规划分析应在充分理解规划的基础上进行。

首先，要阐述并简要分析规划的基本内容，如规划对象、实施方案、规划内容、编制背景、规划的目标等。

其次，要充分理解和分析相关法律、法规与拟议规划的关系，以及与其他规划的关系。需要注意的是，这里的法律、法规和其他规划主要是指位于拟议规划决策层次上的规划，以及与环境保护有关的法律、法规和其他规划，因为这些环境保护法律、法规和其他规划会提出拟议规划所需遵循的环境保护要求。在分析的过程中要注意应将这些环境保护要求与拟议规划的内容联系起来，以使随后的环境影响预测和评价工作有的放矢。

最后，在规划分析阶段应识别出拟议规划可能引发的建设项目或活动。因为规划一般是通过确立具体的建设项目对环境产生影响的。具体的建设项目相对比较容易识别，大多数专项规划，在规划文本中一般包含项目列表或近期建设规划，以此为基础再给予补充和完善。但有些规划除了具体建设项目外，还可能通过引发某种活动来对环境产生影响。

（2）现状调查与分析

在规划环境影响评价中，现状调查、分析与评价是最基础性的工作之一。建设项目环境影响评价与规划环境影响评价之间存在着较大的差异，从问题的清晰程度和复杂程度来看，现状调查的调查范围和调查内容是比较明确的，并且其问题也是较为简单的。对于与自然资源开发有关规划，区域、流域、海域的建设、开发利用规划，以及土地利用有关规划等地域特征较明显的规划而言，一般现状调查的范围就是规划的范围，现状调查的范围相对较容易确定。但是对于行业性规划，就要根据规划编制的不同层次区别对待。

在实践工作中，现状调查的工作常可以与环境影响识别的工作同步进行，并根据拟议规划对环境要素的影响特点来相应调整现状调查的调查范围和调查内容。这样可以避免在评价工作的最初阶段遗漏重要的环境因素。

现状调查的手段一般有实地踏勘与监测、资料文献收集两种。现状调查并不是简单的环境现状的说明，还要对现状进行分析与评价。规划环境影响评价中的环境敏感目标一般包括湿地、自然保护区、风景名胜区、水源地、文物古迹、生态敏感区、环境脆弱区等。这些区域由于其特殊的环境价值，在规划过程中乃至在未来规划的实施过程中应给予充分的重视和保护。

（3）确定环境目标和评价指标

环境影响是指人类活动（经济、政治、社会活动）导致的环境变化以及由此引起的对人类社会的效应。环境影响识别就是要找出所有受影响（特别是不利影响）的环境因素。在环境影响评价中，影响因素的识别与筛选是一项重要的工作。只有根据影响因素识别与筛选的结果，才能确定相应的评价内容和评价范围。

（4）环境影响分析与评价

由于规划层次的不同，涉及的行业、区域不同，规划的社会经济活动也会不同，一般不会像建设项目环境影响评价那样，精确地预测项目建成后污染物排放浓度可能对周围环境质量造成的影响，而是根据不同层次规划提出相应的预测，预测范围可考虑直接影响、间接影响和累积影响，评价中要说明，拟议规划对环境敏感目标的影响，拟议规划对环境质量的影响，以及拟议规划对地区或行业可持续发展能力的影响。

按照《规划环境影响评价技术导则 总纲》（HJ 130—2019）的要求，环境影响预测部分应对所有规划方案的主要环境影响进行预测。预测内容包括直接的和间接的环境影响，特别应包括规划的累积影响，另外还应进行规划方案影响下的可持续发展能力预测。环境影响分析与评价部分应对规划方案的主要环境影响进行分析与评价。分析评价的主要内容包括：规划对环境保护目标的影响、规划对环境质量的影响和规划的合理性分析。

规划环境影响评价在方法选择上与建设项目环境影响评价也不尽相同。以大气环境评价为例：一般建设项目的大气环境评价多采用高斯模式进行计算；由于规划环境影响评价具有区域性特征，因此预测方法宜选取能够反应区域污染物时空分布特征的大气环境模型，以评估和预测规划实现后的区域大气环境和空气质量，规划环境评价中常用的大气环境评价方法有多维多箱模型、ISCST3 模型等。

（5）环境承载力分析

在环境质量现状调查基础上，通过环境质量模型的模拟、计算和分析，评价规划区域的大气环境承载力；通过对规划区域典型水环境质量现状及周围地下水质调查，评价区域水资源的环境承载力。

（6）规划环境可行性和合理性综合论证

从项目的各方面进行规划的可行性和合理性综合论证。通过对规划项目环境影响的综合分析，根据环境目标的要求，分析规划项目环境目标的可达性。

①规划的资源环境可行性论证。根据规划项目的发展战略，分析区域水、矿产资源及其他能源是否满足规划项目需要，能否支撑项目规划和发展规模。研究分析规划项目的不同实施阶段对大气环境、水环境、声环境、土地资源环境及生态环境的影响，分析论证规划项目能否满足环境生态承载力的各项指标。

②规划与城市总体规划的合理布局分析。系统分析规划项目对大气环境、

水环境、声环境、土地利用及生态环境的影响，以及规划不同阶段的开发规模和发展速度对区域环境的宏观和长远影响。在此基础上，研究分析规划的各项工程与城市总体规划的相容性、规划各工程选址的可行性以及规划总体布局与功能分区的合理性等。

③规划与区域工业、能源、环境保护等规划的协调性分析。在分析规划项目对大气环境、水环境、声环境、土地利用及生态环境影响的基础上，研究论证规划与区域工业规划、能源规划、产业布局规划、环境保护规划、土地利用规划的协调性与相容性。

④规划与国家产业政策一致性分析。针对国家相关产业政策，对规划行为与国家产业政策的一致性进行综合分析。

⑤规划与经济、社会、环境协调性分析。综合分析规划行为对区域经济、社会、环境的影响，并对规划行为可能带来的经济发展问题、社会问题、环境问题进行宏观分析。

⑥环境目标的可达性。通过对规划环境影响的综合分析，并且根据环境目标的要求，分析规划环境目标的可达性，包括大气环境、水环境、声环境、固体废物及生态环境评价指标的可达性分析。

（7）监测与跟踪评价

拟订环境监测和跟踪评价计划和实施方案，列出需要进行监测的环境因子或指标，利用现有的环境保护标准和监测系统，监测规划实施后的环境影响，通过专家咨询和公众参与等方式，监督规划实施后的环境影响并进行跟踪评价。监测与跟踪评价内容包括：对下一阶段规划应注意的环境影响问题提出要求；提出环境监测和管理方案；列出要跟踪监测的内容清单；提出阶段性跟踪监测报告的要求。

2. 规划环境影响评价成果编写

（1）规划环境影响报告书的编写

规划环境影响报告书应文字简洁、图文并茂、数据翔实、论点明确、论据充分、结论清晰准确，主要包括总则、环境现状描述、困难和不确定性等方面的内容。

①总则：规划的一般背景；与规划有关的环境保护政策、环境保护目标和标准；环境影响识别（表）；评价范围与环境目标和评价指标；与规划层次相适宜的影响预测和评价所采用的方法。

②环境现状描述：环境调查工作概述；概述规划涉及的区域／行业领域存

在主要环境问题及其历史演变，并预计在没有本规划情况下的环境发展趋势；环境敏感区域和／或现有的敏感环境问题，以一一对应的表格形式列出可能对规划发展目标形成制约的关键因素或条件；可能受规划实施影响的区域和／或行业部门。

③困难和不确定性：概述在编辑和分析用于环境评价的信息时所遇到的困难和由此导致的不确定性，以及它们可能对规划过程的影响。

（2）规划环境影响篇章及说明的编写

规划环境影响篇章应包括前言、环境现状描述、环境影响分析与评价、环境影响减缓措施四个方面的内容。

第三节 排污许可证制度

一、排污许可证制度基本概念

1. 排污许可证制度定义

近年来，学界对排污许可证已形成了"一证式"管理思维的雏形，但是这些已有的"一证式"管理研究仍以原则性表述为主，其概念还未成体系。笔者认为，"一证式"管理的排污许可证制度就是在管理对象、管理时段、管理内容上全面实现"一证式"管理。具体包含三个方面的内涵：一是实现对废水、废气、噪声、固体废弃物等各污染类型的综合许可；二是实现对排污单位生命周期的全过程许可，三是实现对各类污染源环境管理要求的综合集成。因此，"一证式"排污许可证制度改革，就是要以排污许可证为载体，重塑污染源管理体系，理顺排污许可证制度与现有污染源环境管理制度的关系，探索实施"一证式"污染源环境管理制度，实现对排污单位综合、系统、全面、长效的统一监管，切实打造排污许可证制度在污染源环境管理体系中的核心地位。在具体改革过程中，重点关注以下几个方面。

（1）采用综合型许可证形式

目前我国环境管理中废水、废气、固体废弃物、噪声等不同污染类型管制的法律地位各不相同，如果采用单项排污许可，实行各证各自独立，申请和审批程序重复，既不利于行政机关提高工作效率，也徒增申请人的无谓负担，因此排污许可证应当适用于多种类型的污染物排放管理。对不同环境要素中的污染物进行统一管制，既可以控制污染物在环境介质中的转移，又是全面管理污

染行为的内在要求。从行政角度来说，对多种污染物进行一次性综合许可，亦有利于简化许可手续，提高行政效率。

（2）实现排污单位全生命周期的环境监管

无论是建设期、生产运营期还是停产关闭期，企业都负有保护环境不受严重损害的责任。排污许可证制度的内涵决定排污许可证管理可以涵盖企业生命周期的各个阶段，体现每个阶段排污单位的各项环境行为规范。在改革中需体现排污许可证对排污单位"从摇篮到坟墓"的全过程监管，使排污许可证的监管贯穿排污单位的申请筹建、施工建设、生产运行、停产关闭等各个阶段，确保建设期、生产运营期的环境影响受控，停产关闭期的环境能够恢复。

（3）整合现有环境管理制度进行流程再造

排污许可证制度作为污染源环境管理体系的核心制度，需与现有环境影响评价审批、排污申报登记、总量控制、"三同时"、排污权交易、排污收费等污染源环境管理制度充分融合、衔接，切实理顺排污许可证制度与各项制度在制度内容和操作流程上的关系，尤其需对现有污染源各项环境管理流程进行重新打造，实现排污许可证支撑各项污染源管理制度的整合，形成更为便捷、高效的管理操作方式，真正实现排污许可证"一证式"管理模式。

2. 排污许可证制度功能定位

排污许可证制度本身具有法律强制性、持续有效性和运用多样性等特点。排污许可证所规定的排污单位的排污行为是具有法律效力的，是在法律权力的责任和义务两个基点上展开的，在环境监督管理中具有确定最低限度意义，具有管制的直接性和强制性。排污许可证对排污单位的监管是从项目筹建到项目运营，直至项目消亡整个生命周期的，是一种持续而有效的监管。因此，可以将排污许可证制度的功能地位明确：排污许可证应作为污染源环境管理制度体系中的核心制度，对污染源环境管理实行排污许可证"一证式"监管，将排污许可证建设成为政府的执法依据、企业的守法文书、公众的参与平台。其具体内容如下。

（1）确立排污许可证制度的核心地位

环境保护行政主管部门以排污许可证为载体，依法对排污单位的环境行为提出具体要求，包括建设期环保要求、环保设施建设要求、污染物排放标准和排放总量要求、日常环境管理要求等，并将其作为排污单位守法标准和环境保护部门执法、社会公众监督的依据，以此减轻排污单位的排污行为对公众健康、公共资源和环境质量的损害。因此，宜将排污许可证制度作为贯穿污染源环境管理整个生命周期的核心管理制度，将其作为污染源环境管理体系的主线，准许、核定、规定排污单位的基本环境行为。将现有各项环境管理制度中对排污单位的环境管理要求，集中通过排污许可证进行体现，实行"一证式"管理模式，以排污许可证为载体实现对排污单位环境行为的综合、系统、全面、长效的统一管理。

（2）将排污许可证作为政府管理的执法依据

排污许可证制度作为一项命令控制型政策手段，是政府部门强化对排污单位环境监管的有效管理形式。其融汇了环境影响评价、总量控制、排污申报和收费、"三同时"、限期治理、排污权交易等各项制度的管理要求，综合体现了政府部门在宏观调控方面的意愿和对单个污染源管理的要求，为政府部门环境监管搭建了一条主线，也是政府部门的环境执法依据。实施排污许可证制度后，政府管理部门对排污单位环境行为的核查可以通过核查其对排污许可证制度的执行情况来进行，检查其是否严格遵守了排污许可证的所有要求，使得政府管理部门对排污单位的监管内容更加明确和直接，大大提高了监管效率。同时，以排污许可证作为政府管理部门的执法依据，其明确的内容可以减少不同执法人员对企业要求不一致、自由裁量幅度差别过大的情况，从而提高政府部门环境执法的科学性。

（3）将排污许可证作为企业环境行为的守法文书

排污许可证制度是一个持续的许可和监管过程，把影响环境的各种开发、建设、经营等活动的排污行为纳入国家统一管理的轨道，并将其严格控制在法律规定范围内。排污许可证应作为排污单位环境合法的最基本要求，在环境监督管理中具有确定最低限度意义，为企业提供了一套环境守法准则。排污许可证中对每个排污单位明确了各项环境保护法律法规的要求。对企业来说，守法的内容更加具体、明确，其环境权利义务更清晰和确定，而且企业对政府的行为有比较稳定的预期。从管理上看，审查排污许可证的过程，既是环境保护部门了解污染源、指导企业开展治污工作的过程，也是企业学习环境保护法律、污染防治技术和环境管理知识的过程，使企业进一步明确了应履行的权利义务，也是提高企业进行清洁生产、污染治理和技术改造的积极性。因此可以说排污许可证可作为企业环境行为的守法文书。

（4）将排污许可证作为公众环保监督的参与平台

由于每一份排污许可证几乎都涉及公众健康与安全，公众应有权监督许可证的发放和管理过程。信息的获得是监督的基础，排污许可制度要求程序内容规范、公开、明确，既符合法定明确性、透明性的本质要求，又满足了公众对

经营者在排污许可证申请、排污许可证使用等过程中的参与监督。如果将项目的性质、排污指标核定、排污许可证的发放与否、排污情况和排污指标的使用情况、违反许可证及其处罚情况等内容，通过适当的方式公开，公众可以将从公开途径获得的数据资料直接用于维护自己权益和其他合法活动之中。因此，排污许可制度为公众参与提供了有效载体，有利于维护公民、法人和其他组织的合法环境权益，维护环境公共利益。

二、排污许可证制度基础理论

环境是一种稀缺的、有价的公有资源，"排污"行为对环境资源进行了一定程度的侵占，须对此加以限制和约束，进行统一有效的管理，即"许可"，从而达到保护环境资源、促进经济社会的可持续发展的目的。排污许可证制度基础理论涉及环境公共资源理论、环境公共信托理论等。

1. 环境公共资源理论

（1）环境是一种资源

自然环境为人类生产生活提供原材料，如土地、水、森林、矿产等都是经济发展的物质基础；也为人类及其他生命体提供生存场所，是人类赖以生存和繁衍的栖息地。此外，自然环境还提供景观服务，优美的大自然有着令人心旷神怡的巍峨高山和宽阔江河，是人类旅游休闲的胜地，是人类精神生活和社会福利的物质基础。因此，人类社会的生存和发展都离不开环境，环境是一种宝贵的资源。

（2）环境资源是有价资源

环境能够提供满足人类生存、发展和享受所需要的物质性商品和舒适性服务。社会经济系统的发展要从自然环境系统中获取作为原材料的自然资源，同时又要将生产和生活废弃物返回到自然环境系统中。这说明，社会经济系统产生和消费的产品的价值来自自然环境，因此自然环境是有价值的。自工业革命以来，人类对自然资源的开发利用呈爆发式增长，随之而来的大量废弃物的排放也严重威胁着生态系统，超出了其自净能力，引发了各类环境问题。人们开始正视环境恶化问题，意识到环境是一种稀缺资源，环境对人类而言是有价值的，而且随着人类社会的发展进步，其价值也将越来越大。当前，环境保护已成为全世界广泛关注的议题之一。

（3）环境资源是一种公共资源

一般来说，我们可以通过两个特性对是否属于公共物品进行判断，即物品是否具有排他性和竞争性。排他性是指可以排斥或阻止一个人对物品的使用；竞争性是指一个人使用某种物品，就会减少其他人对这种物品的使用。通常，人们所消费的私人物品既具有排他性又具有竞争性。物品一旦被某人消费，其他人就不能再消费，而且留给其他人可消费的物品总量也减少了。当某个物品只有竞争性而没有排他性时，它就成了公共资源。环境资源就是一种公共资源，我们无法阻止某个排污者向环境排污，而区域用以容纳污染物的环境容量又是有限的，一个排污者排放污染物会减少其他排污者的可排污空间。

2. 环境公共信托理论

公共信托理论起源于罗马法，在《查士丁尼法学总论》一书中关于共同物和公有物的规定是公共信托理论的最早论述。当时的公共信托主要强调的是保障社会共同体成员对空气、水、海洋等特定环境资源的公共使用和自由利用的权益。随着罗马法在欧洲的传播，这一理念在英国逐渐得到发展，并在英国普通法中得到充分体现，用于限制当时国王对公共环境资源的特权。美国吸收了英国普通法中关于公共信托的思想，并随着社会发展尤其是环境保护领域的需求，对公共信托进行了完善。20世纪70年代，美国萨克斯教授对公共信托理论进行了新的阐述，并将其引入环境保护领域。1970年，萨克斯教授在《密歇根法律评论》上发表了题为《自然资源法中的公共信托理论：有效的司法干预》的文章，被称为新公共信托理论或环境公共信托理论。萨克斯教授明确了管理公共信托财产的三个主要原则：一是公共信托财产不仅必须用于公共目的，而且必须可以被普通公众随时使用；二是即使存在一个不错的价格，公共信托财产也未必可以被转卖；三是公共信托财产必须用于实现某些特定的用途，包括该财产资源的传统用途或者至少是与传统用途密切相关的利用方式。此后，在环境保护运动的推动下，人们开始广为接受和采纳公共信托理论，公共信托原则被写入美国许多州的宪法和环境法中，并在实践中得到充分使用。

环境公共信托就是将具有社会公共财产性质的环境资源的生态价值和精神愉悦价值等非经济价值作为信托财产，以全体公民为委托人和受益人，以政府为受托人，以保护环境公共利益为目的而设立的一种公益信托。公共信托理论认为，政府可以而且应当接受公众的委托，对环境进行有效管理，政府机关要对公众负责；同时，公众可以通过行政或司法等程序对政府的管理行为进行监督。

三、排污许可证制度基本框架

1. 排污许可证制度框架设计原则

（1）科学性和合理性

科学性和合理性是社会科学探索的标准和致力的目标。"一证式"排污许可证制度框架设计也要强化科学性、合理性，要以客观事实为依据，注意制度改革中各项措施的衔接配套，防止随意性、盲目性。

（2）核心性和协调性

注重体现排污许可证制度在环境管理中的核心地位，突出"一证式"的管理思路，同时也要注意与其他环境管理政策相互协调，避免矛盾和重复，强化制度间的整体效力，以达到最佳管理效果。

（3）可行性和前瞻性

可行性和前瞻性是指既要结合当前环境管理需要设计排污许可证制度的必要环节，注重现阶段的制度设计与可达的执行能力相匹配，又要在制度框架设计中体现长远设计理念，随着管理能力和需求扩展，制度可以延展和持续改进。

2. 排污许可证制度框架主要内容

（1）法律基础

法律基础是排污许可证制度的基本依据和实施保障，主要包括：基本法，即环境保护法对排污许可证制度的明确规定；单行法，包括排污许可证制度单行法和其他方面单行法中对排污许可证制度的支持，如地方性法律法规中对于排污许可证制度的规定。

（2）基本要素

基本要素实际上就是排污许可证制度的重要组成，主要包括：排污许可证的适用范围，包括适用的污染物和污染源的具体范围；实施主体及权限配置；排污许可证种类，主要是为了适应当前环境管理能力制定不同种类，并配套规定不同的管理要求；排污许可证年限；排污许可证管理内容等。

（3）实施机制

实施机制是排污许可证制度的运行保障，主要包括：排污许可证核发机制，包括告知、申请、审核发证、证书管理等程序；监管机制，包括政府部门的监管、排污单位的自我管制以及来自公众的监督等；信息机制，需配套建立信息平台，强化信息交互，是排污许可证管理效率提升的保障；处罚机制；公众参与机制；运行保障机制。

四、排污许可证制度与其他管理制度关系重构

对现行排污许可证制度进行改革，使其真正发挥污染源环境管理基础、核心制度的作用已成为环境管理发展必然所需。排污许可证制度改革并不是完全脱离现有各项管理制度的新增事项，而应是将现有各项管理制度充分整合衔接，使其更加高效地发挥综合管理效应。下面将结合本节对现行各项污染源环境管理制度的梳理和分析，动态看待各项制度的发展，详细分析和阐述排污许可证制度改革与各项管理制度间的切入关系。

1. 排污许可证制度与环境影响评价制度

环境影响评价制度作为一项相对静态的行政审批制度，由于缺少后续监管措施，直接影响了其执行的彻底性。将环境影响评价制度与排污许可证制度改革并充分融合，在排污许可证核发中充分依据环境影响评价相关结论，并将这些结论在排污许可证后续监管中予以充分落实，具有以下优点：一方面可以增加环境影响评价制度的严肃性，促进第三方技术机构、审批机关更加严谨对待环境影响评价报告的编制和批复；另一方面，也体现了环境影响评价制度在排污单位后续环境保护监管中的一个延续，弥补了环境影响评价制度本身后续监管缺位的不足。此外，目前对于优化环境影响评价审批的一些探索，如分级审批管理办法、环境影响评价审批权限下放、不纳入建设项目环境影响评价审批目录等，都是需要排污许可证制度改革在下一步具体执行中充分衔接的地方。排污许可证制度与环境影响评价制度的关系具体如下。

（1）制度内容关系

环境影响评价制度是对所有新、改、扩建项目的前置审批制度，通过对建设项目选址、设计和建成投产使用后可能产生的环境影响进行全方位的评价，提出项目实施的环保可行性以及实施后环保防治措施的要求。因此，在制度内容关系方面，环境影响评价制度可作为核发排污许可证的重要依据，且其内容也是排污许可证中基本信息的来源。依照《建设项目环境影响评价技术导则 总纲》（HJ 2.1—2016）的规定，污染影响为主的建设项目环境影响报告书包括工程分析、周围地区的环境现状调查与评价、环境影响预测与评价、清洁生产分析、环境风险评价、环境保护措施及其经济技术论证、污染物排放总量控制、环境影响经济损益分析、环境管理与监测计划、公众参与、评价结论和建议等专题。生态影响为主的建设项目还应设置施工期、环境敏感区、珍稀动植物、社会等影响专题。其中，工程分析是制定排污许可证最为重要的参考，它可以确定：工程基本数据，包括建设项目规模，平面布置，主要原辅材料及其他物

料的性质和消耗量，能源消耗量，产品及中间体的性质、数量；污染影响因素，包括产污环节生产工艺，污染物种类、性质、产生量、产生浓度、削减量、排放量、排放浓度、排放方式、排放去向；原辅材料、产品、废物的储运环节中的污染来源、种类、性质、排放方式、强度、去向；环境保护措施和设施，包括环境保护设施的工艺流程、处理规模、处理效果。除了工程分析以外，环境影响评价报告书的其他部分对排污许可证的制定也有着重要作用。在环境影响评价报告书的总则中，可以明确建设项目适用的排放标准，以及建设项目所在区域的发展总体规划、环境保护规划、环境功能区划；在总量控制专题中，有着对需要总量控制的污染物类型和相应的总量需求的详细说明，而这是确定许可总量的主要依据；在环境管理与监测计划专题中，可以明确建设项目设计、施工期、运营期的环境管理和监测计划要求，包括环境管理机制、机构、人员，环境监理相关要求，污染监测点位、时间、频率、因子，以及非正常排放和事故排放下的预防与应急处理预案。此外，在施工期、环境敏感区、珍稀动植物等专题中还可以明确生态保护措施。可见，排污许可证中涉及的企业基本信息要求、环保设施建设要求、环境管理要求、监测要求、污染物排放要求等都可以从环境影响评价文件中提取。

（2）操作流程关系

①新增建设项目。环境影响评价文件作为排污许可证发放的前提条件。建设单位根据环境影响评价文件相关信息填写并提交排污许可证申请文件，在环境影响评价文件提交审批的同时提交至环保行政主管部门，经环保行政主管部门初步审核并出具排污许可证文本，将排污许可证文本与环境影响评价文件审批意见尽可能同步公示，公示无异议后正式核发，并纳入排污许可证后续监管。

②现有排污单位。对于现有排污单位，按照环境管理的法律要求，原则上环境影响评价文件仍应作为排污许可证发放的前提条件。但在核发排污许可证之前，须考察企业环保管理、环保设施和污染物排放状况是否与环境影响评价文件相符，对于符合环境影响评价文件的排污单位，在同时满足其他许可证申领要求的条件下可以核发排污许可证，并将其后续监管纳入排污许可证后续监管。

2. 排污许可证制度与总量控制和排污权交易制度

排污许可证制度改革与总量控制制度可以从以下三个方面切入。

一是通过排污许可证制度进一步丰富总量控制制度的法律依据，虽然《中华人民共和国环境保护法》规定国家实行重点污染物排放总量控制制度，明确了总量控制制度的法律地位，但要真正形成系统的国家污染物排放总量控制法律体系还任重道远。将总量控制与排污许可证有效衔接，把总量控制制度的要求在排污许可证制度中予以体现，有助于提升总量控制制度的强制性和法律属性。

二是通过排污许可证制度改革，促进总量控制的点源总量分解，将单个点源的总量控制目标在排污许可证上予以登载，同时按照"执证排污"的法律要求全面发放排污许可证，使总量控制制度落实到位。

三是通过排污许可证制度改革，实现对排污单位排污行为更为有效的监管，包括核查排污单位的实际排污量，同时也使总量控制真正执行到位。

排污权有偿使用和交易制度与排污许可证制度的衔接程度一直较高。首先，根据国务院办公厅《关于进一步推进排污权有偿使用和交易试点工作的指导意见》（国办发〔2014〕38 号），排污权需以排污许可证的形式予以确认，可见排污许可证是暂时解决排污权法律属性不明的有效手段。其次，在指标分配和动态调整方面，以排污许可证核发时登载的量作为排污权初始分配获得的量，并将企业今后购入或出售排污权指标的动态变化在排污许可证中予以登载，便于管理。最后，通过排污许可证制度改革，实现对排污单位实际排污量的有效监管和核定，也是环保行政主管部门监督排污单位实际使用排污权情况的有效手段。排污许可证制度与总量控制和排污权交易制度的关系具体如下。

（1）制度内容关系

总量控制是对一个区域内污染物排放总量指标的总体控制，按负荷分配不同可分为目标总量控制和容量总量控制。总量控制是一项宏观性、目标性政策，目前的总量控制制度采取核定总量目标层层分解的方式，强调区域总量指标核算和分配，但对单个污染源总量控制缺少法规制约，造成污染物总量控制制度对点源个体直接压力不足。可将排放许可证作为总量控制制度实施的法律形式和手段，将按目标总量或容量总量控制分解至排污单位的总量指标并以排污许可证的形式确定下来，成为该排污单位的许可排污量。由于排放企业在未获得排污许可证前不能排放污染物，政府可通过控制排污许可证发放数量及在许可证中确定的数量要求等方式来实施总量控制管理，即区域排污单位许可排污量总和不能突破该区域总量控制目标，并可根据一定时期内区域环境质量状况、污染物变化及治理需要，利用排污许可证对各排污单位的许可排污量进行变更、调控。

（2）程序流程关系

①新增建设项目。对于新增建设项目，总量准入及排污权交易作为排污许

可证发放的前提条件。排污权指标作为许可排污量载入排污许可证，作为日常总量监管依据。

②现有排污单位。

A. 初始排污权分配、有偿使用及排污许可证发放。区域总量控制指标层层分解至排污单位，作为初始排污权分配指标，企业交纳相应费用后，该初始排污权指标作为许可排污量载入排污许可证，作为日常总量监管依据。

B. 排污权交易及排污许可证变更。排污权出让，包括排污单位向排污权交易机构提出出让排污权指标申请，同时提交出让排污权指标核定技术报告、核发排污许可证的环境保护行政主管部门同意出让排污权指标的证明文件、排污许可证副本和复印件，交易完成后排污单位到环境保护行政主管部门变更排污许可证，载明相应排污权指标变化及去向等具体出让情况。

C. 排污权申购。排污单位向排污权交易机构提出申购排污权指标申请，同时提交核发排污许可证的环境保护行政主管部门同意申购排污权指标的证明文件、排污许可证副本和复印件，交易完成后排污单位到环境保护行政主管部门变更排污许可证，载明相应排污权指标变化及获取途径等相关信息。

3. 排污许可证制度与排污申报和排污收费制度

我国原有执行的排污申报制度存在诸多问题，如事前申报、表格繁杂等，致使排污收费长期不能实现按实收费。2014年，环境保护部对排污申报制度进行改革，调整申报表格事项，取消年度预申报，实行根据实际排污状况动态申报。而《中华人民共和国环境保护法》规定排放污染物的企业事业单位和其他生产经营者，应当按照国家有关规定交纳排污费。删除了原先关于排污申报登记的条文。可见，原排污申报登记制度在制度执行上存在较大缺陷，作为排污收费的基础依据，排污申报制度可以通过排污许可证制度改革来实现其原有价值，即通过对排污单位排污许可证执行情况的监管，有效核查排污单位实际排污量，促进了排污收费按实收费，也促进了企业实际排污数据的统一。排污许可证制度与排污申请和排污收废制度的关系具体如下。

（1）制度内容关系

按照改革后的排污收费制度执行方式，排污许可证制度与其在制度内容关系上主要体现在三个方面。

一是排污收费制度中的《工业企业排放污染物基本信息申报表》中所涉及的内容基本可以从企业排污许可证登载信息中获取，可避免重复申报。

二是建设单位排污申报与排污许可证自我报告内容相结合，作为排污单位实际排放量监管依据之一。

三是排污收费制度中关于企业重大变动信息需报备的要求，可以与排污许可证管理相结合，将企业重大变动信息在排污许可证中及时更新。

（2）操作程序关系

排污申报和排污收费均是针对运营状态的建设项目而言的，按照改革后的排污收费制度执行程序，排污收费制度与排污许可证制度在操作程序的关系构建上具体如下。

①企业基本信息方面。排污收费制度中的《工业企业排放污染物基本信息申报表》包含了7张子表，内容涉及企业基本情况、废水污染物基本情况、废气污染物基本情况、边界噪声基本情况、固体废物基本情况、污染治理设施、生产装置等，而排污许可证实际已经包含这部分内容，因此，建议对企业基本信息可实现制度间的共享，不再重复填写。

②企业实际排污量核定方面。改革后排污申报执行按照实际排污状况动态申报。这部分的申报工作可以结合排污许可证的自我管制机制，要求企业在其定期提交（一般为每季度或每月）自我报告和年度执行报告中给出实际排污情况及相关证明材料，结合政府日常监管记录作为排污许可证总量监管的依据。

③企业重大变动申报的及时更新方面。排污收费制度中要求企业因生产经营或排污设施发生重大变化时须向环保行政主管部门进行申报。在排污许可证制度的证后管理中，对于企业的生产设备、治污设施、污染排放等发生变化的情况有更为详细的管理规定，因此这部分内容可以直接交由排污许可证管理来完成，不需要重复实施。

4. 排污许可证制度与限期治理制度

企业限期治理制度实际上是针对企业已发生违法违规行为之后的自救规则，但却因为"限期"的具体期限不明等原因造成排污单位顶着限期治理的名义持续违法排污，后续处罚无力。建议通过排污许可证制度改革，强化持证排污、营造环保一证对外的管理理念，再通过对限期治理企业排污许可证的暂扣、吊销等措施，推进企业在期限内积极整改，有效纠正其不良环境行为。排污许可证制度与限期治理制度具体如下。

（1）制度内容关系

限期治理制度作为环境管理的一项行政行为，是环境保护监管手段的一部分。企业在生产过程中由于污染物处理设施与处理需求不匹配，导致无法按照相关排放标准或总量控制要求进行排污，须进行限期治理。可见，限期治理实

际上是企业在规定时间内对自身环保行为的"自我修复"过程，鉴于其违法违规排污的已有行为和自我整改的特殊情况，在制度内容关系上，可作为排污许可证制度管理的特殊情况。建议在排污许可证副本信息中登载关于企业限期治理的执行时间、执行主要原因和内容等信息，以及在排污许可证上登载验收日期及验收情况等信息。

（2）操作程序关系

①环境保护行政主管部门经相关程序后做出限期治理决定，向排污单位发出《限期治理决定书》，说明限期治理的对象、依据、任务和期限，同时在排污许可证上登载限期治理的时间、主要原因和要求。

②排污单位制定限期治理方案并报送环境保护行政主管部门，开展限期治理相关工作。环境保护行政主管部门根据限期治理决定书、排污许可证以及排污单位限期治理方案等信息，对限期治理的排污单位整改情况进行督察，同时要求排污单位定期向环保部门上交限期治理报告，包括监测数据、治理进度等。

③限期治理完成后，排污单位申请验收，经环境保护行政主管部门验收合格，将限期治理通过验收的时间与信息登载至排污许可证上。

④如排污单位无法在规定时间内完成整改任务，可申请限期治理延期，获得环保行政主管部门批准后，将限期治理延期情况登载在排污许可证上；否则，由环境保护行政主管部门报请有批准权的人民政府责令其关闭，并吊销其排污许可证。

此外，在限期治理期间，排污许可证制度管理中的监测、报告和现场检查等按照限期治理相关规定执行。

5.排污许可证制度与现场检查制度

现场检查是环保部门的有力执法手段之一，排污许可证的日常监管也必须和现场检查制度相结合。从制度内容关系上看，在"一证式"管理模式下，排污许可证是排污单位合法排污的唯一凭证，因此排污许可证也就成了环保部门现场检查时，认定排污单位的污染物排放行为是否合法合规的重要依据。环保部门应当根据排污单位所处的阶段、此行检查目的等因素确定检查重点，并根据排污许可证中的相关要求对排污单位的环境行为进行逐条核查。现场检查人员也可以根据需要进行现场采样和监测，通过将监测结果与排污许可证的规定进行比对来判定企业是否超标排污。同时，现场监测的结果也可以用来检验排污单位自行上报的监测数据的准确性。

　　需要强调的是，现场检查不仅仅局限于排污单位生产运营期的监管上。在排污单位的建设期和停产关闭后的场地恢复期，环保部门都可以进行现场检查，以确保排污单位的环境行为符合排污许可证的相应要求。总之，现场检查是落实排污许可证全过程监管的重要手段。可见，排污许可证制度改革与其他污染源环境管理制度及其发展方向是能够有效融合的。通过排污许可证制度的改革，可有效弥补多项污染源环境管理制度的不足，促进这些制度更为有效地落实，满足这些制度改革发展所需，从而整合提升污染源环境管理制度的综合效能。

参考文献

［1］杨永利. 环境影响评价案例分析［M］. 天津：天津大学出版社，2014.

［2］王晓，冯启言，王涛. 环境影响评价实用教程［M］. 徐州：中国矿业大学出版社，2014.

［3］宁平，孙鑫，唐晓龙，等. 大宗工业固废环境风险评价［M］. 北京：冶金工业出版社，2014.

［4］郑忠安. 卫宁平原地下水环境风险预测评价研究［M］. 银川：阳光出版社，2014.

［5］蔡艳荣. 环境影响评价［M］. 2版. 北京：中国环境出版社，2016.

［6］岳波. 废矿物油环境风险评价与污染防治技术手册［M］. 北京：中国环境出版社，2016.

［7］陈颖，王亚男. 环境影响评价与低碳绿色发展［M］. 北京：中国环境出版社，2016.

［8］王罗春. 环境影响评价［M］. 2版. 北京：冶金工业出版社，2017.

［9］胡辉，杨旗，尚可可，等. 环境影响评价［M］. 2版. 武汉：华中科技大学出版社，2017.

［10］林云琴. 环境影响评价［M］. 广州：广东高等教育出版社，2017.

［11］陈凯麟，江春波. 地表水环境影响评价数值模拟方法及应用［M］. 北京：中国环境科学出版集团，2018.

［12］唐微. 环保新形势下环境影响评价工作面临的挑战及应对建议［J］. 环境与发展，2018（12）：17.

［13］徐鹏森，黄金果. 地下水环境影响评价若干关键问题探讨［J］.

环境与发展，2018（12）：20.

[14]黄忠平. 基于规划环境影响评价的可持续发展指标体系解析［J］. 环境与发展，2018（12）：29-30.

[15]阮雅琪. 环境影响评价工作中存在的问题及对策［J］. 化工设计通讯，2018（12）：219.

[16]郝建亮. 环境影响评价与环境工程应用探讨［J］. 建材与装饰，2018（51）：172-173.

[17]丁素玲. 地下水环境影响评价专题报告的编制要点探讨：以污水处理站项目为例［J］. 中国非金属矿工业导刊，2019（4）：56-58.

[18]贺丹丹. 化工项目环境影响评价工程分析要点［J］. 资源节约与环保，2019（12）：37.

[19]刘洋. 环境监测在环境影响评价中的重要性［J］. 中小企业管理与科技（中旬刊），2019（12）：159.

[20]王亨力，谢道雷，刘咏明，等. 废弃矿山地质环境影响评价与生态修复［J］. 绿色科技，2019（24）：79-83.

[21]黄文足. 城市污水处理厂地下水环境影响评价方法［J］. 化工设计通讯，2019（12）：230-231.